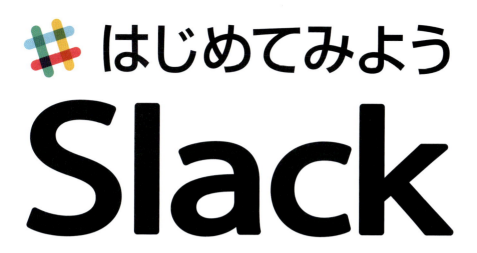

はじめてみよう Slack

使いこなすための **31** のヒント

Slack 研究会 編著

パーソナルメディア

はじめに

Slack(スラック)は、2013年8月に誕生したチャットベースのビジネス用コミュニケーションツールです。既存のITシステムとの連携機能が充実していることから、最初は、ITエンジニアのためのシステム開発・運用のためのツールとして利用者を増やしました。その後、Slackが持つ豊富な機能と優れた操作性が世界中の企業で評判を呼び、日本でもIT企業に限らず幅広い業種で導入が進んでいます。東京は、サンフランシスコ、ニューヨーク、ロサンゼルスについで世界で4番目にSlack利用者が多い都市になっているほどです。

Slackの特長は、まず、ビジネスのコミュニケーションの現場で必要とされる豊富な機能が揃っていることです。しかも、それらの機能をシンプルでわかりやすいユーザインタフェースで使うことができます。Slackを使うと、メールでは大げさになったり形式的になり過ぎたりして伝えにくいような、ちょっとしたやり取りが簡単かつ効率的に行えます。また、何回もやり取りが続くような大量の連絡も効率よく管理できます。

さらに、きめ細かに利用者の管理ができることも特長の一つです。小さな組織から大きな組織まで、また一つの部署内から社内全体、組織を超えた会社間の連絡まで、さまざまなコミュニケーションスタイルに合わせた運用が可能になっています。

本書では以下の読者を想定しており、各Chapterにおいてそれぞれの利用者に合わせた使い方を解説しています。

・Slackを利用する一般ユーザ........(Chapter1 〜 Chapter4)
・Slackを運用するシステム管理者.....(Chapter5)
・Slackを導入する管理職...........(Chapter6)

Slackでの表示やヘルプなどのメッセージは英語ですが(2016年6月現在)、ユーザ間のコミュニケーションでは問題なく日本語を利用できます。本書を活用してSlackを導入し、組織内のコミュニケーションの円滑化、活性化を図ることをぜひお勧めします。

編著者のSlack研究会は、Slackに魅せられたパーソナルメディア社内の有志の集まりです。社内、社外との日々の業務にSlackを活用・運用してきた経験を活かして本書を執筆しました。パーソナルメディアでは、本書で紹介しているSlack研究会のノウハウをもとに、Slackのビジネス導入のための相談支援業務も行っています。ぜひお声がけください。

2016年7月
Slack研究会
パーソナルメディア株式会社

CONTENTS

はじめてみよう Slack
使いこなすための31のヒント

Chapter 1　導入編　Slackって何？　9

Section 01　Slackのここがすごい 10
　1-1　Slackはビジネス用コミュニケーションツール 10
　1-2　Slackが人気の理由 11

Section 02　Slackの特長を知ろう 14
　2-1　画面と役割 14

Section 03　チームってなに？ 17
　3-1　チームとメンバーの関係 17
　3-2　チャンネル 18

Section 04　Slackを使うには何が必要なの？ 19
　4-1　パソコンで使う場合 19
　4-2　スマートフォンで使う場合 20
　4-3　まずは無料プランを試してみよう 20

Chapter 2　基本編　Slackを使いはじめよう　21

Section 05　Slackをはじめてみよう 📇 22
　5-1　チームを作る 22
　5-2　メンバーを招待する 28

Section 06　チームに参加しよう 31
　6-1　招待メールから参加する 31
　6-2　プロフィールを設定する 35
　6-3　プロフィール写真を設定する 37
　6-4　画面のテーマを変更する 39
　6-5　サインインとサインアウト 42

Section 07　チャンネルに参加しよう 45
　7-1　チャンネルとは？ 45
　7-2　チャンネルを作る 47
　7-3　チャンネルに招待する 49

3

	7-4	チャンネルを一覧表示する	52
	7-5	チャンネルに参加する	54
	7-6	チャンネルから脱退する	55
Section 08		**メッセージを発言しよう**	**56**
	8-1	チャンネルにメッセージを書いてみる	56
	8-2	絵文字を使ってみる	57
	8-3	画像やファイルを送る	59
	8-4	メッセージを修正する	62
	8-5	メッセージを削除する	64
	8-6	ダイレクトメッセージを送る	66

Chapter 3	**応用編1　もっと便利にSlackを使おう**	**71**

Section 09		**メッセージに注目してもらおう**	**72**
	9-1	特定のメンバーに呼びかける（メンション）	72
	9-2	メッセージをピン留めする	75
	9-3	メッセージにリアクションを付ける	77
Section 10		**スターで目立たせよう**	**79**
	10-1	メッセージにスターを付ける	79
	10-2	スターを付けたメッセージを一覧表示する	80
	10-3	チャンネルにスターを付ける	81
Section 11		**いろいろなメッセージを送ろう**	**82**
	11-1	文字を修飾する	82
	11-2	リンクを送る	83
	11-3	チーム内のメッセージを参照する	84
	11-4	スニペット	86
Section 12		**メッセージを共有しよう**	**89**
	12-1	メッセージを共有する	89
	12-2	ファイルを共有する	91
Section 13		**メッセージを検索しよう**	**93**
	13-1	キーワードで検索する	93
	13-2	条件で絞り込む	94
	13-3	検索対象に含めないチャンネルの設定	96
	13-4	クイックスイッチャー	97

Section 14	「ポスト」を使って文書を共同編集しよう	99
	14-1 ポストを作成して共有する	99
	14-2 ポストで使える書式	103
	14-3 ポストにファイルを追加する	105

Section 15	外部のサービスと連携しよう	107
	15-1 連携できるアプリを探す	107
	15-2 Google Calendarと連携する	109
	15-3 Google Driveと連携する	113
	15-4 Dropboxと連携する	116
	15-5 Twitterと連携する	120
	15-6 RSSと連携する	123

Section 16	リマインダー機能で自動的にメッセージを送ろう	126
	16-1 1回だけ指定した時間にリマインダーを送る	126
	16-2 繰り返しリマインダーを送る	128
	16-3 チャンネルのメンバーにリマインダーを送る	129

Section 17	ショートカットとスラッシュコマンドを使ってみよう	130
	17-1 キーボードショートカット	130
	17-2 スラッシュコマンド	131
	17-3 Slackbot	132

Chapter 4	応用編2　いろいろな設定や管理	135

Section 18	個人の設定を確認しよう	136
	18-1 ホーム画面	136
	18-2 ユーザ名やパスワードを変更する	138
	18-3 環境設定	142
	18-4 アイテムメニュー	144

Section 19	通知を設定しよう	145
	19-1 通知(Notifications)を設定する	145
	19-2 チャンネルごとに通知を設定する	149
	19-3 一定の時間通知を受けないように設定する(スヌーズ)	151
	19-4 通知を受け取らない時間帯を設定する(Do Not Disturb)	153

Section 20	チャンネルのまとめ情報を知ろう	155
	20-1 チャンネル詳細画面	155

	20-2 チャンネルの目的を入力する	157
	20-3 チャンネルの「トピック」を入力する	159
Section 21	**チャンネルを管理しよう（よく使う操作）** 🎮	**160**
	21-1 チャンネル設定	160
	21-2 チャンネルの名前を変更する	162
	21-3 プライベートチャンネルに移行する	163
Section 22	**チャンネルを管理しよう（しばらく使ってからの操作）** 🎮	**165**
	22-1 チャンネルをアーカイブする	165
	22-2 メッセージをまとめて削除する	168
	22-3 チャンネルを削除する	171
Section 23	**複数のチームに参加しよう**	**173**
	23-1 別のチームにサインインする	173
	23-2 チームを切り替える	175

Chapter 5 　管理者編　Slackを管理する　　177

Section 24	**アカウント種別とその権限を理解しよう** 🎮	**178**
	24-1 オーナー、アドミン、メンバー	178
	24-2 各アカウント種別の権限	179
Section 25	**チームを設定しよう** 🎮	**180**
	25-1 サインアップ・モード(Team Sign-up Mode)	180
	25-2 新メンバーが最初から参加する初期チャンネル(Default Channels) ...	181
	25-3 ユーザ名設定の際のアドバイス(Username Guidelines)	182
	25-4 メンバー名の表示方法(Name Display)	182
	25-5 メンションするときに@を必須化(Require @ for mentions)	183
	25-6 通知を受け取らない時間帯の設定(Do Not Disturb)	184
	25-7 チームアイコン(Team Icon)	184
	25-8 チーム名、チームURLの変更(Team Name & URL)	185
Section 26	**メンバーの操作を制限しよう** 🎮	**186**
	26-1 メッセージの制限(Messaging)	186
	26-2 チームメンバーへの招待(Invitations)	187
	26-3 チャンネル操作(Channel Management)	188
	26-4 メッセージの修正・削除(Message Editing & Deletion)	189
	26-5 統計情報(Stats)	190

	26-6 カスタマイズ(Custom Emoji & Loading Messages)	190
	26-7 Slackbotとの対話(Slackbot Responses)	191
	26-8 外部とのファイル共有(Public File Sharing)	191
	26-9 アプリ連携(Apps & Custom Integrations)	192

Section 27 メンバーを管理しよう 🖥 193

	27-1 メンバー画面	193
	27-2 アカウントを無効化する	194

Section 28 そのほかの管理をしよう 🖥 196

	28-1 パスワード強制リセット(Forced Password Reset)	196
	28-2 リンク展開しないドメイン(Blacklisted Attachments)	197
	28-3 チャンネルメッセージのエクスポート(Export)	198
	28-4 XMPP、IRCクライアントとの接続設定(Gateways)	199

Chapter 6　運用編　組織での導入・運用のためのポイント　201

Section 29 運用ルールを決めよう 202

	29-1 チャンネルの作成ルール	202
	29-2 チャンネルの命名ルール	203
	29-3 チャンネル運用に関するそのほかのルール	204
	29-4 閲覧、発言に関するルール	205
	29-5 通知設定とデスクトップアプリの利用ルール	207
	29-6 プロフィールの設定ルール	208

Section 30 メンバーに許可する操作を決めよう 210

	30-1 チームへのメンバーの招待	210
	30-2 チャンネル操作	210
	30-3 メッセージの修正、削除	212
	30-4 ファイルのパブリックリンクの作成	213
	30-5 統計情報の閲覧	213
	30-6 メンションに@マークを必須とする	213

Section 31 スムーズな導入のために工夫しよう 214

	31-1 導入マニュアルを用意する	214
	31-2 チャンネルをあらかじめ用意する	214
	31-3 「招待」してチームメンバーになってもらう	216
	31-4 既存のツールからの移行	217

付録　　　　　　　　　　　　　　　　　　　　　　**221**

キーボードショートカット一覧 222
スラッシュコマンド一覧 225
用語集 226

索引　　　　　　　　　　　　　　　　　　　　　　**227**

コラム

Slackからのお知らせ 34
オリジナルの画面テーマを作る 41
サインインした状態で不在（アウェイ）にする 43
ほかのメンバーをチャンネルから脱退させる 55
オリジナルの絵文字を追加する 58
ユーザグループ機能 74
リンク先を展開させない方法 85
パブリックリンク 88
ポストの共同編集 104
Markdown記法によるプレーンテキストをポストに取り込む 106
スラッシュコマンド「/feed」を使って RSSフィードを購読する 125
読み込み時のメッセージを設定する 134
少人数での試験運用からはじめる 219
Slack API 220

主に管理者向けの機能や操作を解説しています。

Chapter 1
導入編

Slack って何？

世界中で利用が加速している、チャットベースのビジネス用コミュニケーションツール「Slack」。

さっそく、Slackがどんなものなのか、その特長を見ていきましょう。

Section 01　Slackのここがすごい　　　　　10
Section 02　Slackの特長を知ろう　　　　　14
Section 03　チームってなに？　　　　　　17
Section 04　Slackを使うには何が必要なの？　19

Section 01 Slackのここがすごい

1-1 Slackはビジネス用コミュニケーションツール

Slack(スラック)はビジネス用に開発されたチャットツールです。リアルタイムに情報交換できるのが魅力の一つです。席が離れている社員や、別のオフィスに勤務している社員とも気軽に会話ができます。

メールを送るほどではないようなちょっとした報告、連絡、相談が簡単にできるので、社内のコミュニケーションがはかどります。

```
部署、プロジェクト、テーマごとに
    チャンネルを活用
・新企画の検討    ・製品の改善要望、
・プレゼンの準備    サポートの報告
・資料の共有     ・提出期限のリマインド
```

```
通常の社内連絡やお知らせに活用
・総務からのインフォメーション
・ビルの停電や断水のお知らせ
・休暇取得や外出の予定の連絡
```

繁雑な社内メールのやりとりが激減！
会議の議事録や日報もSlack上で管理すればさらに効率化が実現！

1-2　Slackが人気の理由

強力なメッセージ検索機能
▶ P. 93

画像やファイルの共有が簡単
▶ P. 59

ピン留めしてメンバーで共有
▶ P. 75

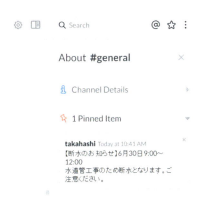

スターは自分だけのマーキング
▶ P. 79

Section 01　Slackのここがすごい

未読メッセージを知らせる豊富な通知機能　▶P. 72、P.145

自分宛のメンションがハイライトで目立つ　▶P. 73

絵文字を使ったコミュニケーション　▶P. 57

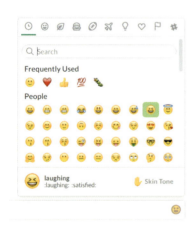

リマインダーで物忘れ防止　▶P. 126

クイックスイッチャーで読みたい
チャンネルにジャンプ　▶P. 97

キーボードショートカットが充実
▶P. 130

予測変換でコマンドを楽々呼び出し
▶P. 131

外部サービスとの連携が強力
▶P. 107

Section 02 Slackの特長を知ろう

2-1 画面と役割

Slackでは、チームメンバーとメッセージをやりとりする「メッセージ画面」と、画面表示や通知の設定を行う「ホーム画面」の二つの画面を使います。パステルカラーを基調とした、シンプルでわかりやすい画面構成が特長です。

- チャンネル設定 (P.160)
- チャンネル詳細 (P.155)
- 検索ボックス (P.93)
- メンションとリアクションを表示 (P.72、P.77)
- スター付きアイテムを表示 (P.79)
- そのほかのアイテムを表示 (P.144)
- チャンネル詳細 (P.156)
- ピン留めされたアイテム (P.75)
- スヌーズ中のメンバー (P.151)
- アクティブなメンバー (P.43)
- 不在 (アウェイ) のメンバー (P.43)
- 共有ファイル (P.91)
- 絵文字 (P.57)

Section 02　Slackの特長を知ろう

●メッセージ画面

Slackにサインインするとメッセージ画面が開きます。画面は、主に、メッセージ画面、サイドバー、ペーンの三つに分かれています。

サイドバーのチーム名をクリックすると、チームメニュー（P.35）が現れます。各種設定画面に移動したり、チームの切り替えをしたりする際の入り口となります。

●ホーム画面

Slackにサインインした状態で、https://my.slack.com/home/ にアクセスするとホーム画面に移動します。

各種設定画面やメッセージ画面へのリンクがまとめられているので、ポータルサイトとして利用できます（P.136）。

Section 03 チームってなに？

3-1 チームとメンバーの関係

「チーム」は、Slackを構成する一つの集団＝コミュニティを表します。オーナー（管理者）となる人が、ある目的のもとに新しいチームを作り、参加して欲しいメンバーを招待することで、チームが構成されます。

❶ AさんがSlackにアカウントを登録して新しいチーム「Catチーム」を作ります。
❷ オーナーであるAさんが、初めてSlackを使うBさんを招待します。Bさんのためのアカウントが用意され、Bさんには招待メールが送られます。
❸ 招待されたBさんがチームに参加すると、Bさんのアカウントが有効になります。

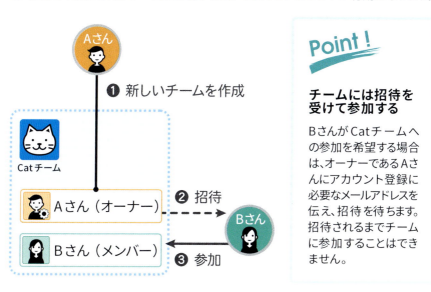

Point !

チームには招待を受けて参加する

BさんがCatチームへの参加を希望する場合は、オーナーであるAさんにアカウント登録に必要なメールアドレスを伝え、招待を待ちます。招待されるまでチームに参加することはできません。

Slackにアカウントを登録したメンバーは、別のチームから招待を受けると、複数のチームに参加することができます。

チームはクローズドなので、メンバー以外がチーム内の会話を閲覧したり、会話に参加したりすることはできません。

Section 03 チームってなに？

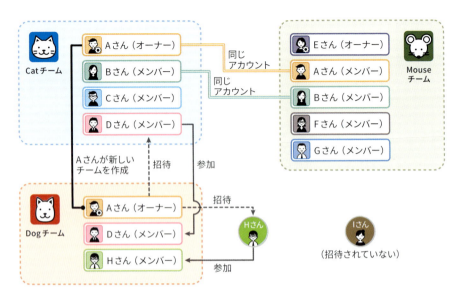

チーム名／参加者	Aさん	Bさん	Cさん	Dさん	Eさん	Fさん	Gさん	Hさん	Iさん
Catチーム	◎	○	○	○	×	×	×	×	×
Mouseチーム	○	○	×	×	◎	○	○	×	×
Dogチーム	◎	×	×	○	×	×	×	○	×

◎…オーナー（管理者）。参加しているチームで管理、発言、閲覧ができる。
○…メンバー（参加者）。参加しているチームで発言、閲覧ができる。
×…チームに参加していないので発言も閲覧もできない。

3-2 チャンネル

チャンネルは、テーマごとにメッセージを交わす場のことです。

チーム作成時には、誰でも参加できる「#general（お知らせ）」「#random（雑談）」の二つのチャンネルが用意されています。チャンネルは目的に応じて自由に増やすことができます。

パブリックチャンネル	メンバー全員に公開されているチャンネルです。メンバーは自由に参加でき、メッセージの閲覧と発言ができます。
プライベートチャンネル	招待されたメンバーのみが参加できる非公開のチャンネルです。招待されていないメンバーにはチャンネルの存在も見えません。
ダイレクトメッセージ	メンバーと1対1でメッセージをやりとりすることができます。ほかの参加者には会話の内容は見えません。

Slackを使うには何が必要なの？

Slackを使うには、インターネットに接続できる環境が必要です。

4-1 パソコンで使う場合

●ウェブブラウザを使う

SlackはGoogle Chrome、FirefoxやSafariなどの標準的なウェブブラウザ上で利用できます。

✣ 本書は、Windows環境のウェブブラウザでの利用を想定して解説しています。

●デスクトップアプリをインストールする

専用のアプリはWindows用、Mac用、Linux用（ベータ版）が用意されており、https://slack.com/downloads/ からダウンロードできます。デスクトップアプリは、ウェブブラウザ版と同様に利用できるほか、通知により気づきやすくなる工夫や、複数のチームに同時に参加して使う際に便利な機能が追加されています。本格的にSlackを活用する場合には、デスクトップアプリの利用をお勧めします。

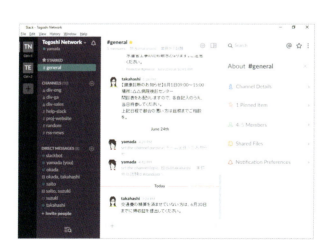

Section 04　Slackを使うには何が必要なの？

4-2　スマートフォンで使う場合

● 専用アプリをインストールする

iOS用、Android用、Windows Phone用（ベータ版）が用意されており、https://slack.com/downloads/ からダウンロードできます。App Store、Google Play、Windows Storeで検索してダウンロードすることもできます。

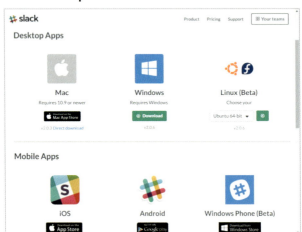

4-3　まずは無料プランを試してみよう

Slackには、無料プラン（Free）、スタンダード（Standard）、プラス（Plus）の三つのプランが用意されています。

プランによって、検索できるメッセージの数や、連携できるアプリの数、アップロードできるデータの容量などに違いがありますが、標準的な機能を利用するのであれば無料プランで十分です。まずは、チームを作成して基本的な機能を使ってみてください。

✥ Slackの各プランの最新の情報は「Pricing Guide」（https://slack.com/pricing/）でご確認ください。
✥ 本書は無料プランで使える範囲を解説しています。

Chapter 2
基本編

Slackを使いはじめよう

この章では、はじめに、管理者がSlackに「チーム」を作って参加者を招待する方法と、参加者として招待を受けてチームに参加する方法を説明します。続いて、チャンネルでメッセージを発言する基本的な方法を説明します。

管理者となる方はSection 05から、招待されてSlackに参加する方はSection 06から読むとよいでしょう。

Section 05	Slackをはじめてみよう	22
Section 06	チームに参加しよう	31
Section 07	チャンネルに参加しよう	45
Section 08	メッセージを発言しよう	56

Slackをはじめてみよう

5-1　チームを作る

Slackを初めて利用する場合は、管理者のメールアドレスをアカウント登録して「チーム」を作成します。さっそく https://slack.com/ にアクセスしてみましょう。

✣ チーム作成の過程で登録に必要な情報がメールで送られてくるので、メールが受信できる環境を用意しておきましょう。

1 管理者のメールアドレスを入力して[Create New Team]をクリックします。

2 Slackの利用規約（Terms of Service）とプライバシーポリシー（Privacy Policy）を確認しましょう。

同意する場合は、Slackからの連絡を受け取れるメールアドレスを登録して[Next]をクリックします。

✣ メールアドレスはあとから変更できます（P.141）。
✣ Slackからチーム作成のための確認メールが届いた場合は、その内容に従ってください。

3 管理者の氏名とユーザ名を入力して[Next]をクリックします。

ユーザ名はメンバーの一覧に表示され、メッセージをやりとりする際に使われます。

ユーザ名はすべて小文字で、英数字、ピリオド(.)、ハイフン(-)、アンダースコア(_)が利用できます。

Section 05　Slackをはじめてみよう

❖ 氏名には漢字やひらがなも使えますが、プロフィールで「はるこ　山田」のように名前が先に表示されます。日本語で表示したい場合は、First Name欄に氏名を入れるとよいでしょう。あらかじめ、組織内でプロフィールの設定ルールを決めておくことをお勧めします(P.208)。

❖ 氏名とユーザ名はあとから変更できます(P.35、P.140)。

4 パスワードを入力して[Next]をクリックします。

❖ パスワードは6文字以上で、「123456」や「abcdef」のように単純なものは避けましょう。

5 チーム名を入力して[Next]をクリックします。

会社名や部署名、プロジェクトチームの名前など、用途に応じたチームの名前を決めて登録しましょう。

❖ チーム名はあとから変更できます（P.185）。

6 チームのサブドメインを入力して[Next]をクリックします。

サブドメインを含む https://xxxx.slack.com/ がSlackチームのウェブアドレスになります。

- サブドメインには英数字とハイフン(-)のみ利用できます。
- 別のチームがすでに使っているサブドメインは使えません。「xxxx.slack.com is already taken, how about...」(xxxx.slack.com はすでに取得されています。)というメッセージとともに使用できるサブドメインの候補が表示されます。

7 メンバー（参加者）を招待します。

招待するメンバーのメールアドレスを入力して[Send Invites]をクリックすると、相手に招待メールが送信されます。

- [Skip for now]をクリックすると、メンバーの招待を飛ばして次のステップに進みます。
- メンバーはあとからでも招待できます(P.28)。

8 Slackに新しいチームが作成されました。

[Explore Slack]をクリックすると、slackbotによるガイダンスが始まります。

9 Slackbotに対してメッセージが送れるか試してみましょう。

❖ ガイダンスの途中で [Skip the tutorial] や [Click here to skip] のリンクをクリックすると、ガイダンスをスキップします。

Section 05　Slackをはじめてみよう

5-2　メンバーを招待する

チームに参加して欲しいメンバーを招待しましょう。

5-1の7でメンバーを招待しなかった場合や、あとからメンバーを増やしたくなったときに、簡単に招待できます。

1 サイドバーの [＋ Invite People] をクリックすると、メンバー招待ダイアログが開きます。

2 招待するメンバーのメールアドレスを入力して [Invite 1 Person] をクリックすると、招待したメンバーにメールが送信されます。

- 招待したメンバーは、自動的に#generalと#randomのチャンネルに登録されます。[edit / add] のリンクをクリックすると、メンバーが参加できるチャンネルを変更できます。
- 操作の途中で画面右上の [× esc] をクリックすると、招待を中止して、メッセージ画面に戻ります。

3 メンバーが招待されました。

[Done] または [× esc] をクリックして、メッセージ画面に戻ります。

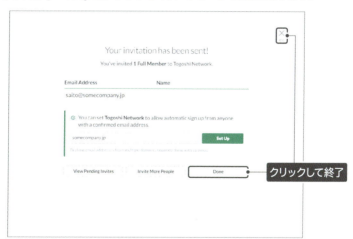

- 続けてほかのメンバーを招待する場合は、[Invite More People]をクリックします。

Section 05　Slackをはじめてみよう

 二人以上のメンバーを招待する

二人以上のメンバーを招待する場合は[+ Add another]をクリックすると、入力欄が追加されます。

複数のメンバーを一度に招待する場合は[Invite many people at once.]をクリックして、メールアドレスのリストをコンマ区切りで入力します。

2人目のメンバーを追加

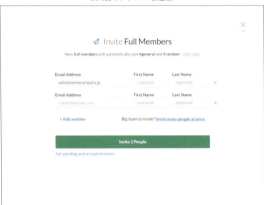

複数のメンバーをリスト追加

チームに参加しよう

チームの管理者からSlackに招待されたら、案内に従ってサインアップ（アカウント登録）しましょう。

> ❗ Slackは組織内で使用するクローズドな環境のため、承認されていない人が勝手に参加することはできません。チームに参加する必要がある人は、管理者からの招待を受けてください（P.17）。

6-1 招待メールから参加する

1 管理者がチームを作成すると、招待メールが届きます。

メールの案内に従って[Join Team]をクリックするか、リンクにアクセスしてください。

2 Slackの利用規約（Terms of Service）とプライバシーポリシー（Privacy Policy）を確認しましょう。

同意する場合は、氏名とユーザ名を入力して[Next]をクリックします。

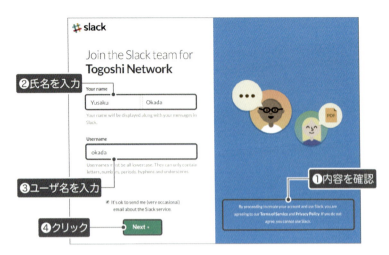

- ユーザ名はメンバーの一覧に表示され、メッセージをやりとりする際に表示されます。ユーザ名はすべて小文字で、英数字、ピリオド(.)、ハイフン(-)、アンダースコア(_)が利用できます。
- 氏名には漢字やひらがなも使えますが、プロフィールで「はるこ　山田」のように名前が先に表示されます。日本語で表示したい場合は、First Name欄に氏名を入れるとよいでしょう。組織内でプロフィールの設定ルールが決まっている場合は、そちらに従ってください(P.208)。
- 氏名とユーザ名はあとから変更できます(P.35、P.140)。

3 パスワードを入力して[Join Team]をクリックします。

❖ パスワードは6文字以上で、「123456」や「abcdef」のように単純なものは避けましょう。

4 チームにアカウントが登録されました。

[Explore Slack]をクリックすると、Slackbotによるガイダンスが始まります。

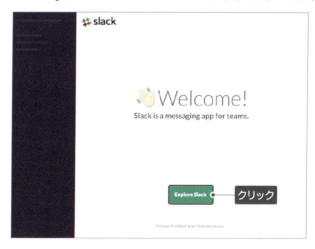

Section 06 チームに参加しよう

5 Slackbotに対してメッセージを送れるか試してみましょう。

メッセージを入力して[Enter]キーを押す

❖ ガイダンスの途中で [Skip the tutorial] や [Click here to skip] のリンクをクリックすると、ガイダンスをスキップします。

column

Slackからのお知らせ

招待したメンバーがチームに参加したり、管理者が変更した設定が有効になったときには、Slackbotからダイレクトメッセージ（DM）が届きます。

また、画面上部には、Slackの便利な機能や設定について紹介するバーが表示されることがあります。

たとえば、デスクトップ通知の表示について確認するバーが表示された場合、[enable desktop notifications] のリンクをクリックすると、メンバーからメッセージが届いたときにデスクトップに通知パネルを表示します。許可しない場合や、あとで設定する場合は、右上の [x] をクリックするとメッセージが消えます。デスクトップ通知の設定はあとから変更できます（P.145）。

6-2　プロフィールを設定する

チームに参加したら、プロフィールを設定してみましょう。

1 サイドバーのチーム名をクリックしてチームメニューを開き、[Profile & account]を選びます。

Profile & account .... プロフィールとアカウントの設定
Preferences .... 環境設定(P.142)
Set yourself to away ...... アウェイ状態にする(P.43)
Help & feedback .... ヘルプとフィードバックページを表示(P.137)
Apps & integrations .... 外部サービスと連携(P.107)
Customize Slack .... Slackのカスタマイズ(P.137)
Statistics .... 統計情報(P.137)
Sign out of チーム名 ...... チームからサインアウト(P.44)
Sign in to another team ... 別のチームにサインイン(P.173)
Download the Slack app ... Slackの専用アプリをダウンロードする(P.19)

❖ 管理者の場合、メンバーやチームを管理するためのメニューも表示されます。
詳細はChapter 5 管理者編(P.177)を参照してください。

2 ペーンにプロフィールが現れるので、[Edit Profile]をクリックするとプロフィール編集画面が開きます。

Section 06　チームに参加しよう

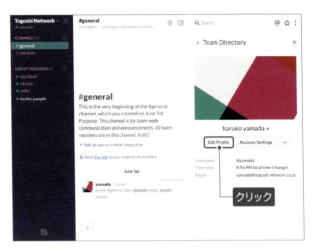

❖ ここで[Account Settings]をクリックすると、アカウント設定の画面が開きます（P.138）。

3 氏名、所属、電話番号などを設定して[Save Changes]をクリックすると、メッセージ画面に戻ります。

❖ 氏名には漢字やひらがなも使えますが、プロフィールで「はるこ　山田」のように名前が先に表示されます。日本語で表示したい場合は、First Name欄に氏名を入れるとよいでしょう。組織内でプロフィールの設定ルールが決まっている場合は、そちらに従ってください。本書では、First Name欄に氏名の日本語表記、Last Name欄に内線番号を入力する設定としています（P.208）。

6-3　プロフィール写真を設定する

プロフィール写真（アイコン）を設定すると、画面上で個人を判別しやすくなります。わかりやすい写真を選びましょう。

1 6-2の**1**～**2**の手順でプロフィール編集画面を開きます。

2 Profile Photo欄にカーソルを当てると「Change your profile photo」と表示されるのでクリックし、フォルダからプロフィールに使う写真を選びます。

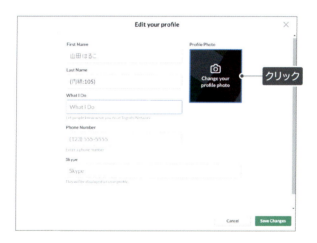

3 プロフィール写真の表示サイズを調整して、[Save profile picture]をクリックします。

点線の内側の部分がアイコンに使われます。

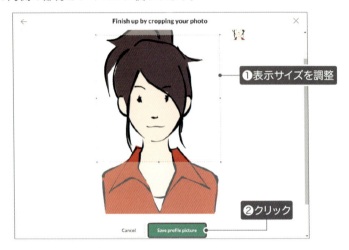

4 プロフィール写真が登録されました。

[Save Changes]をクリックすると、メッセージ画面に戻ります。

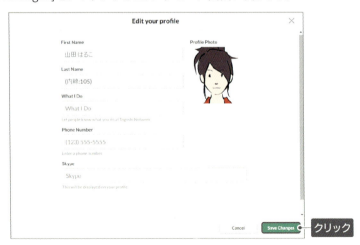

6-4　画面のテーマを変更する

サイドバーの色を好みの色合いに変更することができます。

1 サイドバーのチーム名をクリックしてチームメニューを開き、[Preferences]（環境設定）を選びます。

✤ [Preferences]（環境設定）についての詳細は、P.142を参照してください。

2 [Sidebar Theme]をクリックすると、サイドバーの設定画面とサイドバーが現れます。

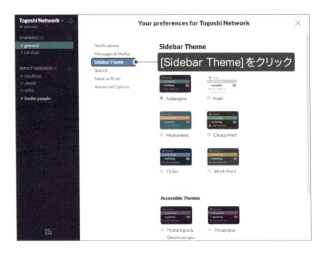

3 好みの色のチェックボックスをクリックすると、サイドバーの表示がただちに切り替わります。

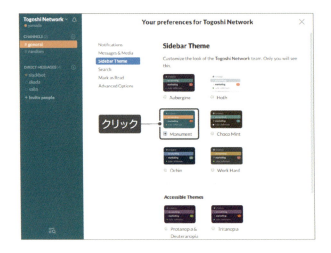

column

オリジナルの画面テーマを作る

環境設定画面をスクロールして [Customize your theme and share it with others] をクリックすると、カスタマイズ画面が開き、サイドバーの色合いをさらに細かく変えることができます。

色指定のテキストをコピーして、メッセージやスニペット (P.86) に貼り付けて発言すると、チームのメンバーと新しいテーマを共有することができます。

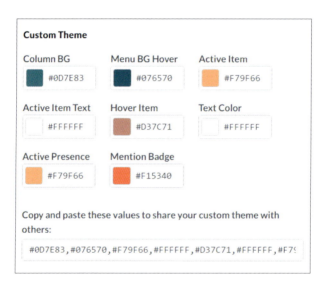

Section 06　チームに参加しよう

6-5　サインインとサインアウト

Slackでは、最初にアカウント登録してサインインしたら、使い終わったあとにその都度サインアウトする必要はありません。そのままブラウザやアプリを閉じれば、次に起動したときにサインインした状態ですぐに利用できます。また、複数のチームに参加している場合（P.173）でも、サインアウトをせずにチームを切り替えることができます。

もし、なんらかの理由でサインインやサインアウトが必要になった場合は、次の手順で行います。

● サインイン

1 https://*xxxx*.slack.com/ にアクセスします。

（「xxxx」はチームのサブドメインに置き換えてください）

2 メールアドレスとパスワードを入力して[Sign in]をクリックします。

3 認証されるとメッセージ画面が表示されます。

42

参加しているチームを探す

参加しているチームのサブドメインがわからなくなってしまった場合は、https://slack.com/ にアクセスして、画面右上の [Find your team] をクリックしてください。

Slackに登録したメールアドレスを入力して [Send me a sign-in email] をクリックすると、参加しているチーム名とリンクがメールで届きます。リンクをクリックするとサインインのページにジャンプします。

column サインインした状態で不在（アウェイ）にする

サインインすると、「アクティブ」● の状態になり、自分がサインインしていることをメンバーに示すことができます。

外出や会議などで離席しているときには「アウェイ」○ にしておくと、不在であることを示すことができます。「アウェイ」の状態でもメンバーからのメッセージを受け取ることができ、また、チャンネルを閲覧したり発言したりすることもできます。

サイドバーのチーム名をクリックしてチームメニューを開き、[Set yourself to away] を選ぶと、状態がアクティブからアウェイに変わります。

再度アクティブに戻す場合は、チームメニューで [[Away]Set yourself to active] を選びます。

Section 06　チームに参加しよう

● サインアウト

1　サイドバーのチーム名をクリックしてチームメニューを開き、[Sign out of チーム名]を選びます。

2　参加しているチームからサインアウトします。

再度サインインする場合は、[Sign back in]をクリックします。

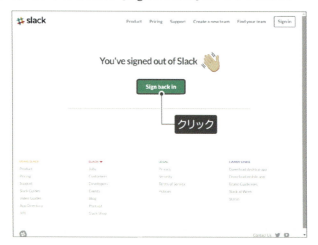

チャンネルに参加しよう

Slack内での会話は、チャンネル内で行います。標準では、メンバーの誰もが、チャンネルを作成できます。目的やテーマにあわせて積極的にチャンネルを活用しましょう。

✣ 組織の方針によって、管理者のみがチャンネルを作成できる権限を持つ場合があります（P.188、P.210）。

7-1 チャンネルとは？

● チャンネルとダイレクトメッセージ

Slackには、二つのコミュニケーションを交わす場があります。

・チャンネル
 - テーマごとにメンバーが参加し、メッセージをやり取りする場所

・ダイレクトメッセージ（DM）
 - メンバー間で1対1でメッセージをやりとりする場所
 - 会話の内容は当事者以外からは読まれない

いずれも、誰かが発言したメッセージは、発言順にメッセージエリアの上から表示されます。参加者と発言者の画面には、同じ内容が表示されます。

● パブリックチャンネルとプライベートチャンネル

チャンネルは以下の二つの種類があります。

- パブリックチャンネル
    - チームメンバーの誰もが存在を知り、その内容の閲覧・発言できる。
- プライベートチャンネル
    - 一部のチームメンバーだけが存在を知り、そのメンバーしか閲覧・発言できない。

パブリックチャンネルには ｟#｠、プライベートチャンネルには ｟🔒｠ が付きます。

● パブリックチャンネルへの「参加」、パブリックチャンネルからの「招待」

- パブリックチャンネルは、チャンネル一覧から選んでその内容を自由に閲覧できます。発言したい場合は、そのチャンネルに「参加」します。
- 参加すると、そのメンバーの「サイドバー」にチャンネル名が現れ、新しい発言があったことに気づけるようになります。
- まだ参加していないメンバーをパブリックチャンネルに「招待」することもできます。自分で参加したのと同じ状態になります。
- 参加しているパブリックチャンネルからの脱退もできます。つまり、パブリックチャンネルの場合、参加も脱退も本人が自由にできるということになります。

● プライベートチャンネルからの「招待」

- プライベートチャンネルを閲覧するには、そのチャンネルに参加する必要があります。参加するには、そのチャンネルの参加者から招待されるしか方法がありません。
- プライベートチャンネルからの脱退は自由ですが、再び参加するには再度招待される必要があります。

7-2　チャンネルを作る

1. サイドバーの [CHANNELS] の右側にある ⊕ (Create new channel) をクリックすると、チャンネル作成の画面が開きます。

2. チャンネル名、目的（Purpose）、最初に招待するメンバーを設定して、[Create Channel]をクリックします。

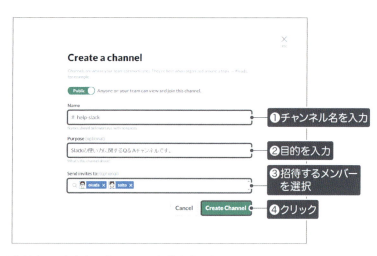

- チャンネル名はすべて小文字です。スペースは使えません。
- 目的（P.157）と招待するメンバー（P.49）は、あとから追加、変更できます。
- [× esc]をクリックすると、チャンネル作成を中断してメッセージ画面に戻ります。

47

Section 07　チャンネルに参加しよう

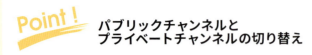

プライベートチャンネルをつくる場合は、 Public をクリックして Private に切り替えます。

3 サイドバーに新しいチャンネルが追加されました。

確認画面で[Got it!]をクリックすると、メッセージ画面に戻ります。

- ❖ パブリックチャンネルは、チーム内の誰でも閲覧できますが、招待していないメンバーには、新しいチャンネルが作られたことは通知されず、サイドバーにも新しいチャンネル名は表示されません。参加してほしいメンバーを積極的に招待しましょう。
- ❖ 逆に、招待しない限り、パブリックチャンネルが作られたことがほかのメンバーに積極的に知られるわけではないので、関係者以外に負担をかけることもありません。

7-3　チャンネルに招待する

新しくチームに参加したメンバーや、あとからプロジェクトに加わることになったメンバーを、チャンネルに招待しましょう。

1 メッセージエリア上部の歯車アイコン ⚙ (Channel Settings)をクリックしてチャンネル設定メニューを開き、[Invite team members to join …] を選びます。

- [Home]キーを押してメッセージエリアの先頭を表示させ、[Invite others to this channel]のリンクをクリックしてもかまいません。
- チームの全員が参加しているチャンネルでは、メニューが選べません。

49

Section 07　チャンネルに参加しよう

2 まだチャンネルに参加していないメンバーが表示されるので、招待するメンバーをクリックします。

❖ 検索ボックスに氏名やユーザ名の頭文字を入力すると、候補を絞り込むことができます。

3 メンバーを選んだら[Invite]をクリックします。

4 招待されたメンバーのサイドバーには、チャンネルが追加されて、未読のマークが付きます。

概要を説明するメッセージの[Got it!]をクリックすると、チャンネルに参加できます。

❖ メッセージボックスに「/invite @*username*」と入力しても、チャンネルに新メンバーを招待できます。

プライベートチャンネルへのメンバーの追加

プライベートチャンネルに新しいメンバーを追加するときは、新しいメンバーがメッセージの履歴を閲覧できるかどうかを設定できます。

[Yes]を選ぶと、新メンバーがそのままチャンネルに追加され、新メンバーも過去の履歴を閲覧できます。

[No]を選ぶと、新メンバーが追加された新しいチャンネルが作成されます。オリジナルのチャンネルは名前が変更されてアーカイブ化(P.165)されます。元のメンバーは、アーカイブから過去の履歴を読むことができます。

アーカイブ化されたチャンネル

7-4 チャンネルを一覧表示する

自分が参加していないパブリックチャンネルを閲覧する場合は、チャンネルの一覧から選びます。

1 サイドバーの[CHANNELS]をクリックします。

2 閲覧可能なチャンネルの一覧が表示されます。

読みたいチャンネルを選んでクリックすると、メッセージ画面にチャンネルの発言が表示されます。

読みたいチャンネルをクリック

✧ [Ctrl]+[Shift]+[L]キー／ [⌘]+[Shift]+[L]キーを押しても、チャンネル一覧が表示されます。

- Ⓐ About Channels .... チャンネルのガイダンスを表示(P.27、P.33)
- Ⓑ View archived channels ... アーカイブされたチャンネルを表示(P.167)
- Ⓒ New Channel .... 新しいチャンネルを作成(P.47)
- Ⓓ Search channels .... チャンネル検索ボックス
- Ⓔ Sort by .... 一覧のソート
  チャンネル名とメンバー、チャンネル作成者、作成日順、メンバー数順でソートできる
- Ⓕ Channels you can join ..... 参加していないチャンネル
- Ⓖ Channels you belong to ... 参加しているチャンネル
- Ⓗ × esc .... 一覧表示を終了

Section 07　チャンネルに参加しよう

7-5　チャンネルに参加する

チャンネルの内容は誰でも読めますが、発言するにはチャンネルに参加している必要があります。

✥ リアクション(P.77)はチャンネルに参加していなくても付けることができます。

1 チャンネル一覧から見たいチャンネルを選び、[Join Channel]をクリックします。

チャンネルに追加され、チャンネル名がサイドバーに現れます。

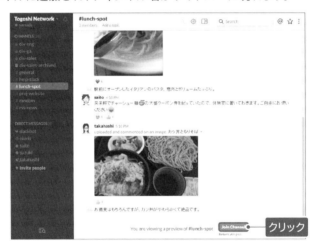

✥ メッセージボックスに「/join」または「/open」と入力しても、チャンネルに参加できます。

7-6　チャンネルから脱退する

1 メッセージエリア上部の歯車アイコン ⚙ [Channel Settings] を クリックし、[Leave #チャンネル名] を選びます。

チャンネルを脱退し、サイドバーからチャンネル名が消えます。

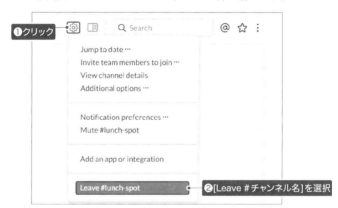

❖ メッセージボックスに「/leave」または「/close」、「/part」と入力しても、チャンネルから脱退できます。

---

column　ほかのメンバーをチャンネルから脱退させる

管理者は、チャンネルに参加しているほかのメンバーを脱退させることができます。脱退方法がわからないメンバーから依頼された場合や、組織変更などの理由でまとめてメンバーを入れ替える場合などに利用します。

チャンネル詳細画面 (P.155) を開き、参加しているメンバーの一覧から脱退させるメンバーをクリックします。

[Remove from #チャンネル名] を選ぶと、指定したメンバーを脱退させるかどうか確認するパネルが現れるので [Yes, remove them] をクリックします。

脱退したメンバーには、脱退させた管理者のユーザ名とチャンネル名が通知されます。

メッセージを発言しよう

チャンネルに参加したら、メッセージを発言してみましょう。
リアルタイムで気軽に会話できるのがSlackの特長です。積極的に発言することでコミュニケーションが活性化します。

8-1 チャンネルにメッセージを書いてみる

1 メッセージボックスにテキストを入力し、[Enter]キーを押します。

✧ メッセージボックスの下には文字を修飾する記号の一覧が現れます（P.82）。

2 メッセージエリアに発言が表示されます。チャンネルに参加しているメンバーのメッセージエリアにも即座に発言が表示されます。

✧ 複数行にわたるテキストを入力する場合は、[Shift]+[Enter]キーを押すと、改行します。

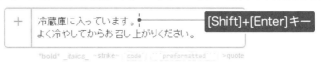

8-2 絵文字を使ってみる

1 メッセージボックス右側のスマイルマーク ☺ をクリックすると、絵文字の一覧が現れます。

カーソルを当てると、絵文字の名前が表示されます。

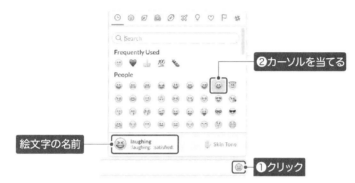

✣ 検索ボックスに英数字を入力すると絵文字の名前で絞り込みができます。

2 絵文字を選んでクリックすると、メッセージボックスに絵文字の名前が挿入されます。

✣ メッセージボックスに絵文字の名前を直接入力することもできます。絵文字の名前はコロン「: :」で囲みます。「:」に続けて英数字を入力すると、絵文字の候補がハイライト表示されます。入力の途中で候補が絞り込まれたら [Tab] キーを押すと、絵文字の名前の続きを自動入力してくれます。

3 [Enter] キーを押すと、絵文字に変換されます。

Section 08　メッセージを発言しよう

column

オリジナルの絵文字を追加する

オリジナルのイラストや写真を絵文字として追加することができます。

追加した絵文字はチーム全員に共有され、通常の絵文字と同じように、絵文字一覧の「Custom」欄から選んだり、名前を直接入力したりして利用することができます。

組織のロゴマークやマスコットキャラクターのイメージなどを登録して使うとよいでしょう。

✣ 絵文字は初期設定では誰でも追加できますが、追加できるメンバーを管理者だけに限定することができます（P.190）。

絵文字を追加するには、サイドバーのチーム名をクリックして「Customize Slack」を選び、「Customize Your Team」の「Emoji」の画面を開きます。

「1) Choose a name」の欄に、絵文字の名前（小文字の英数字）を入力し、「2) Choose an emoji」の「Upload your emoji image」をチェックして、追加したい絵文字の画像イメージをアップロードします。[Save New Emoji]をクリックするとオリジナルの絵文字が追加されます。

✣ 絵文字に使える画像イメージは、高さと幅が128×128px以内で、サイズは64KB以下にします。

8-3　画像やファイルを送る

画像データやオフィス文書、PDFなどをチャンネルにアップロードしてメンバーと共有できます。

> 一度にアップロードできるファイルの容量は1GBまでです。

1 メッセージボックス左側の[+]マークをクリックしてファイルメニューを開き、[Upload a file]を選んで、フォルダからアップロードするファイルを選びます。

- ❶ Upload a file .... ファイルのアップロード
- ❷ Create a snippet .... スニペットの作成(P.86)
- ❸ Create a post .... ポストの作成(P.99)

✤ Dropboxなど、連携している外部サービスのメニューが追加されることがあります(P.116)。

✤ [Ctrl]+[U]キー／[⌘]+[U]キーを押しても、フォルダを表示できます。

2 アップロードファイルを確認するパネルが現れるので、ファイル名とアップロードするチャンネルを確認して[Upload]をクリックします。

[Add Comment]欄にコメントを入力すると、コメント付きでアップロードされます。

Section 08　メッセージを発言しよう

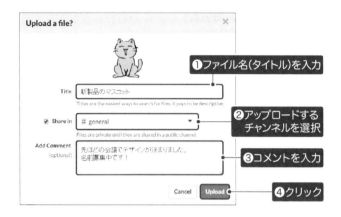

3 ファイルがアップロードされ、チャンネルに発言されました。

メッセージエリアにサムネイルが表示されます。アップロードしたファイルにカーソルをかざすと、ファイルに対するメニューが表示されます。

- ⬇ ……………………… ファイルをダウンロード
- ⋯ ……………………… メニューを表示
  - Share ……………………… ファイルをほかのメンバーと共有（P.91）
  - Add reaction ………………… リアクションを追加（P.77）
  - Copy link ……………………… リンクをコピー（P.84）

60

Pin to #チャンネル名 ………	チャンネルにピン留め（P.75）
Open original ………………	オリジナルのファイルを開く
Rename ……………………	ファイル名の変更 *
Create public link …………	パブリックリンクの作成（P.88）
Delete file …………………	ファイルの削除 *
	＊ アップロードした本人のメニューにのみ表示されます。
………………	コメントを追加。コメントが追加されるとコメント数が表示されます。

✣ オフィス文書やPDFのサムネイルは以下のように表示されます。サムネイルを非表示にしたいときはファイル名の右側にある[▼]をクリックします。

ファイルをドラッグ＆ドロップでアップロードする

アップロードしたいファイルを、Slackのメッセージエリアに直接ドラッグ＆ドロップすると、アップロードするファイルを確認するパネルが現れます。

[Shift]キーを押しながらファイルをドラッグ＆ドロップすると、確認パネルを表示せず、ただちにアップロードを開始します。

8-4 メッセージを修正する

一度書いたメッセージを何度でも修正できるのもSlackの特長です。発言したあとに誤字に気づいたときや、文章を書きかけで送ってしまったときなど、メッセージを修正できます。

✥ 管理者によりメッセージの修正が制限されている場合があります (P.189、P.212)。

1 修正したいメッセージにカーソルを当ててアクションメニュー ⋯
(Show message actions)をクリックし、[Edit message]を選びます。

2 メッセージが編集状態になります。
発言を修正して[Save Changes]をクリックします。

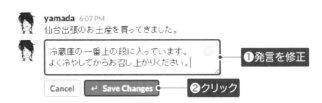

✥ メッセージを修正しない場合は[Cancel]をクリックします。

3 修正が反映されます。

メッセージの末尾には(edited)と表示されるので、チャンネルのメンバーにも発言が編集されたことがわかります。(edited)にカーソルを当てると、修正日時が表示されます。

修正されたメッセージだと分かる

✦ 空のメッセージボックスにカーソルがある状態で[↑]キーを押すと、最後に発言したメッセージにジャンプし、編集状態になります。自分の発言のあとにほかのメンバーが発言していても、[↑]キーで編集できるので覚えておくと便利です。

> メッセージの修正は、原則として内容を変えずに、わかりやすい表現に手直ししたり、誤字・脱字を訂正したりする場合に行うのがよいでしょう。メッセージはどんどん流れていきますので、あまり時間が経ってから大きな修正が行われると、コミュニケーションが混乱してしまいます。大きな修正や追加をするのであれば、新たに発言をするのがよいでしょう。

8-5 メッセージを削除する

発言を取り消したいときや、間違って送ってしまったときに、メッセージを削除することができます。

✥ 管理者だけがメッセージを削除できる設定に変更することもできます（P.189、P.212）。

1 削除したいメッセージにカーソルを当ててアクションメニュー … (Show message actions)をクリックし、[Delete message]を選びます。

2 メッセージを削除するか確認するパネルが現れます。

[Yes, delete this message]をクリックすると、メッセージが削除されます。[Cancel]を押すと削除せずにメッセージ画面に戻ります。

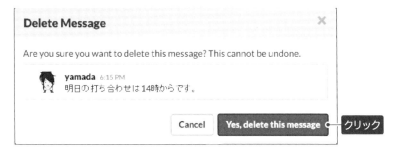

❖ 編集状態(P.62)でメッセージをすべて消去してから [Save Changes] をクリックすると、メッセージを削除するか確認するパネルが現れます。[Yes, delete this message] をクリックすると、メッセージが削除されます。[Cancel] を押すと編集状態に戻ります。

> ❗ メッセージを削除すると、それを受け取ったメンバーのメッセージエリアからも削除されます。特に時間が経ってから削除すると、受け取ったメンバーが「確かこんなメッセージがあったはずなのに…」と戸惑うかもしれません。メッセージを削除した場合は、その旨を発言するとよいでしょう。

Section 08　メッセージを発言しよう

8-6　ダイレクトメッセージを送る

ダイレクトメッセージ（DM）は、チームのメンバーと1対1の会話ができます。また、最大9人までのメンバーにグループDMを送ることができます。

DMの内容は、送信者と受信者以外のメンバーに知られたり検索されたりすることはありません。

1 サイドバーの [DIRECT MESSAGES] の下にあるユーザ名をクリックします。

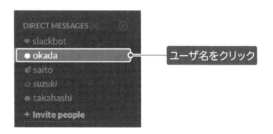

ユーザ名をクリック

2 メッセージを入力し[Enter]キーを押すと、ただちに相手にDMが送られます。

メッセージを入力

3 メンバーからDMが届くと未読マークが付きます。

4 ユーザ名をクリックするとDMの内容を読むことができます。

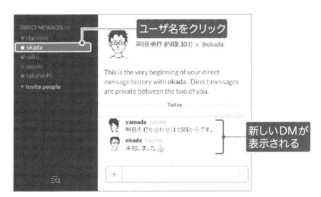

> ❗ DMを削除すると、相手のメッセージエリアからも消えます。しばらくたってからメッセージを削除する際は、相手に一言伝えておくとよいでしょう。

Section 08　メッセージを発言しよう

 複数のメンバーにDMを送る（グループDM）

複数のメンバーに対して同時にメッセージを送ることができます。自分を含めて最大9人までをグループに設定できます。

① サイドバーの[DIRECT MESSAGES]、または 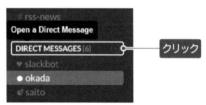 (Open a Direct Message)をクリックします。

クリック

② メンバーのリストからDMを送る相手を選びます。
　検索ボックスに頭文字を入れるとメンバーを絞り込むことができます。

メンバーを選択

✤ [× esc]をクリックするとDMの作成を中止し、メッセージ画面に戻ります。

③ メンバーを選んだら[Go]をクリックします。

❖ 以降、選択されたメンバーは、グループとしても一覧に表示されます。

④ メッセージを入力し[Enter]キーを押すと、選択したメンバーにDMが送られます。
それぞれのグループDMの画面で、グループDMを受信したときにデスクトップ通知
(P.149)をするかどうかを設定できます。

Section 08　メッセージを発言しよう

 自分宛にDMを送る

メンバーのリストで自分を選ぶと、自分宛のDMを送ることもできます。

自分だけが読むことができる専用のスペースとして、メッセージのドラフトを作成したり、To-Doリストや一時的なファイル置き場として利用できます。

Chapter 3
応用編1
もっと便利にSlackを使おう

Slackには、メッセージを有効に活用するための便利な機能がたくさん用意されています。この章では知っていると役立つ機能をご紹介します。

Section 09	メッセージに注目してもらおう	72
Section 10	スターで目立たせよう	79
Section 11	いろいろなメッセージを送ろう	82
Section 12	メッセージを共有しよう	89
Section 13	メッセージを検索しよう	93
Section 14	「ポスト」を使って文書を共同編集しよう	99
Section 15	外部のサービスと連携しよう	107
Section 16	リマインダー機能で自動的にメッセージを送ろう	126
Section 17	ショートカットとスラッシュコマンドを使ってみよう	130

メッセージに注目してもらおう

チャンネルでの会話の流れが速いと、重要なメッセージが読み飛ばされてしまうかもしれません。
Slackではさまざまな方法でメッセージを送った相手にそのことを知らせたり、いつでも目に付くようにピン留めしたりしておくことができます。

9-1 特定のメンバーに呼びかける(メンション)

メッセージにメンション(@ユーザ名)を付けると、チャンネルの中で特にメッセージに注目してほしいメンバーに気づいてもらいやすくなります。

> ❗ チャンネルの会話はメンションをつけた相手以外のメンバーも読むことができます。ほかのメンバーに読まれたくないメッセージを送るときは、ダイレクトメッセージを使います (P.66)。

1 メッセージボックスに「@」を入力して、一覧からメンションを送りたい相手を選びます。

@*username*..... 特定の個人に宛てたメンション
@everyone ..... チャンネル関係なく、チームの全メンバーへのメンション
@here.......... チャンネルのオンラインのメンバーへのメンション
@channel ...... チャンネルのメンバー全員へのメンション

> ❗ 複数の相手にメンションを送る場合や、文章の間にメンションを挟む場合は、メンションの前後に半角スペースを入れてください。

✤ 「@」に続けてメンションを送る相手を直接入力することもできます。入力した英数字を含むユーザ名がハイライト表示されます。入力の途中で候補が絞り込まれたら [Tab]キーを押すと、ユーザ名の続きを自動入力してくれます。

2 メンションに続けてメッセージを入力して、[Enter]キーを押します。

チャンネルにメンション付きメッセージが表示されます。

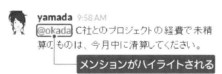

受け取り手のメッセージエリアでは、メンションがハイライト表示されます。サイドバーにはチャンネルごとにメンションの付いた未読メッセージ数が表示されるので、ほかの未読チャンネルよりも目立ちます。

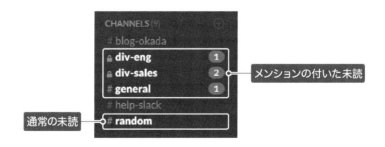

Section 09　メッセージに注目してもらおう

メンションやリアクションの付いたアイテムを一覧表示する

画面右上の＠アイコン（Show Mentions & Reactions）をクリックすると、ペーンが開き、自分宛のメンションとリアクションの一覧を見ることができます。

[Jump]をクリックすると、該当するチャンネルのメッセージにジャンプします。

- [Ctrl]+[Shift]+[M]キー／[⌘]+[Shift]+[M]キーを押しても、メンションとリアクションの一覧を開けます。

クリックしてページを開く

メッセージにジャンプ

column　ユーザグループ機能

有料プランでは、複数のメンバーをひとまとまりにしてグループを作れる、ユーザグループ機能が利用できます。

たとえば、所属している部や課ごとにグループを設定しておくと、「＠グループ名」でその部や課の全員にメンションを送ることができます。「＠channel」でのメンションやグループDMの範囲に収まらないメンバーがいる場合に利用すると便利です。

9-2　メッセージをピン留めする

掲示板にお知らせを貼り付けておくように、メッセージがいつでも目に入るように「ピン留め」しておくことができます。

ピン留めされた発言はチャンネルのメンバー全員に共有されます。

1 ピン留めしたいメッセージにカーソルを当ててアクションメニュー（Show message actions）をクリックし、[Pin to #チャンネル名 …]を選びます。

2 ピン留めするメッセージを確認するパネルが現れるので[Yes, pin this message]をクリックします。

Section 09　メッセージに注目してもらおう

3 メッセージがピン留めされたことがチャンネルに告知されます。

> yamada 10:44 AM
> 📌 Pinned a message. See all pinned items in this channel.
>> 👤 takahashi
>> 【断水のお知らせ】6月30日9:00〜12:00
>> 水道管工事のため断水となります。ご注意ください。
>> Posted in #general　Today at 10:41 AM

 ピン留めしたアイテムを一覧表示する

メッセージエリア上部のチャンネル詳細アイコン 🔲（Show Channel Details）をクリックして、チャンネル詳細画面を開きます（P.155）。

ピンアイコン 📌（Pinned Item）をクリックすると、そのチャンネルにピン留めされているメッセージの一覧が表示されます。

✤ [Ctrl]+[Shift]+[I]キー／[⌘]+[Shift]+[I]キーを押しても、チャンネル詳細画面を開けます。

ピン留めされたメッセージの[×]マークをクリックすると、ピン留めを解除します。

期日が過ぎたお知らせや、不要になった資料などのピンは適宜解除するとよいでしょう。

別のメンバーがピン留めを解除すると、SlackbotからのDMが届きます。同じメッセージを再度ピン留めすることもできます。

9-3　メッセージにリアクションを付ける

メンバーから届いたメッセージに絵文字でリアクションを付けることができます。
「いいね！」や「読みました！」という意味をこめてリアクションしましょう。

1 リアクションしたいメッセージにカーソルを当てて、リアクションマーク
　　 😊⁺（Add reaction …）をクリックします。

2 絵文字の一覧から絵文字を選んでクリックします。

リアクション用の絵文字一覧には、リアクション用の絵文字「Handy Reactions」
の欄が追加されています。

3 メッセージの下に絵文字が表示されます。

✣ [Ctrl]+[Shift]+[\]キー／[⌘]+[Shift]+[\]キーを押しても、リアクション用の絵文字の一覧を表示できます。
✣ 空のメッセージボックスに「+:絵文字の名前:」（例：「+:+1:」👍、「+:smile:」😊）を入力すると、直前の発言にリアクションできます。

Point！ リアクションを確認する

リアクションにカーソルを置くと、誰がリアクションをつけたのか確認できます。

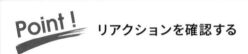

さらにリアクションを追加することもできます。

自分のリアクションをクリックすると、リアクションを取り消すことができます。

画面右上の@アイコン（Show Mentions & Reactions）をクリックすると、ペーンが開き、自分宛のメンションとリアクションの一覧を見ることができます（P.74）。

スターで目立たせよう

重要なメッセージやチャンネルにはスターを付けておきましょう。
スターは自分だけのお気に入りとして目立たせることができます。

❖ メッセージにスターを付けても、ほかのメンバーの表示に影響したり、スターを付けたことが通知されたりすることはありません。

10-1 メッセージにスターを付ける

1 スターを付けたいメッセージの時刻の右側にカーソルを当てると、スターアイコンが現れるので、クリックします。

2 スター付きアイテムとして登録されます。

❖ もう一度スターをクリックすると、スターを取り消すことができます。

Section 10　スターで目立たせよう

10-2　スターを付けたメッセージを一覧表示する

スターを付けたメッセージやファイルは、スター付きアイテムの一覧で確認できます。
ブックマークやメモ代わりに使えるので、重要なメッセージや気になるメッセージにはスターを付けておくとよいでしょう。

1 画面右上のスターアイコンをクリックします。

2 スター付きアイテムの一覧が表示されます。

[Jump]をクリックすると、スターを付けたアイテムのチャンネルにジャンプします。スターをクリックすると、スターを取り消すことができます。

✣ [Ctrl]+[Shift]+[S]キー／[⌘]+[Shift]+[S]キーを押しても、スター付きアイテムの一覧を開けます。

10-3　チャンネルにスターを付ける

チャンネルにスターを付けておくと、サイドバーの上部にまとめて表示されます。頻繁に閲覧するチャンネルや、重要なチャンネルを登録しておくと便利です。

❖ チャンネルにスターを付けても、ほかのメンバーの表示に影響したり、スターを付けたことが通知されたりすることはありません。

1 スターを付けたいチャンネルを表示させ、タイトルの右側にカーソルを当てるとスターが現れるので、クリックします。

2 サイドバーに[STARRED]の欄が追加され、チャンネルが移動します。

❖ もう一度スターをクリックすると、スターが取り消され、[CHANNELS]に戻ります。
❖ スターを付けたいチャンネルのメッセージボックスで「/star」と入力して[Enter]キーを押すと、チャンネルにスターを付けることができます。再度「/star」と入力して[Enter]キーを押すと、スターを取り消します。

Section 11 いろいろなメッセージを送ろう

11-1 文字を修飾する

簡単な記号を使って、文字に修飾や引用記号を付けることができます。

太字 .... 文字をアスタリスク「*」で囲みます。
斜体 .... 文字をアンダースコア「_」で囲みます。
打ち消し線 .... 文字をチルダ「~」で囲みます。

> ❗ 修飾する文字の前後には、半角スペースを入れてください。

✤ メッセージボックスの下には文字を修飾する記号の一覧が現れます。

引用 .... 行頭に「>」を一つ付けると、その行のみ引用記号が付きます。
行頭に「>」を三つ付けると、複数行にわたって引用記号が付きます。

固定幅 .... インラインの固定幅テキストは「`」(グレーブアクセント)で囲みます。複数行にわたる固定幅テキストは、「```」で囲みます。

11-2 リンクを送る

メッセージボックスにウェブサイトのリンクをコピーして貼り付けると、リンク先の冒頭部分が展開表示されます。

1 メッセージボックスにウェブブラウザなどからコピーしたリンクを貼り付けます。

> 文中にリンクを記述するときは、リンクの直後に半角スペースを入れてください。

2 リンクが発言されると、メッセージとあわせてリンク先の冒頭の一部が展開されます。

Section 11　いろいろなメッセージを送ろう

11-3　チーム内のメッセージを参照する

Slackの個々のメッセージは、すべて個別のリンクで参照できます。過去に発言されたメッセージをリンク付きで引用することができます。

1 引用したいメッセージにカーソルを当ててアクションメニュー … （Show message actions）をクリックし、[Copy link]を選びます。

2 メッセージボックスにコピーしたリンクを貼り付けます。

> ❗ 文中にリンクを記述するときは、リンクの直後に半角スペースを入れてください。

3 発言すると、メッセージとあわせてリンク先が展開されます。

!! プライベートチャンネルおよびDMに発言された**メッセージのリンク**をパブリックチャンネルに発言した場合は展開されません。またプライベートチャンネルに参加していないメンバーがリンクをたどってもメッセージを読むことはできません。

プライベートチャンネルおよびDMに発言された**ファイルのリンク**をパブリックチャンネルに発言した場合も同様です。

ただし、作成者やファイル名はリンクから推察できてしまいますので、取り扱いには十分注意してください。

column

リンク先を展開させない方法

展開した部分にカーソルを当てて[×]をクリックするとリンクを折りたたみます。

確認のパネルが現れるので、そのウェブサイトのリンク先の内容を今後も展開したくない場合は、チェックボックスをONにすると展開しないリンク（ドメイン）の範囲を指定できますが、通常はチェックする必要はありません。この指定はチームの全員に対して有効になります。

また、管理者は、上記の操作で展開しないと指定されたリンク（ドメイン）を、再び展開するように元に戻すことができます（P.197）。

> × 　　takahashi
> 　　【断水のお知らせ】6月30日9:00〜12:00
> 　　水道管工事のため断水となります。ご注意ください。
> 　　Posted in #general　Today at 10:41 AM

Section 11　いろいろなメッセージを送ろう

11-4　スニペット

スニペットを使うと、コードの一部や短いテキストを作成して、手軽に共有できます。

1 メッセージボックスの左側の[＋]をクリックしてファイルメニューを開き、[Create a snippet]を選ぶと、スニペット作成画面が開きます。

✤ [Ctrl]+[Shift]+[Enter]キー／[⌘]+[Shift]+[Enter]キーを押しても、スニペット作成画面を開けます。

2 スニペットのタイトルを入力し、使用するプログラミング言語を選びます。

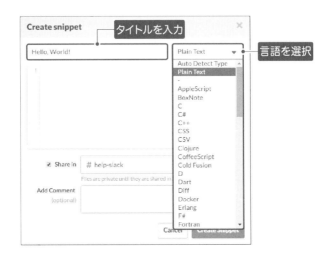

3 コードやテキストを入力して共有するチャンネルを選び、
[Create Snippet]をクリックします。

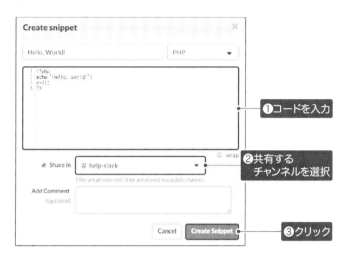

4 スニペットが発言されます。

再び編集したいときは鉛筆アイコン（Edit）をクリックして編集画面を開きます。

column

パブリックリンク

パブリックリンクを作成すると、Slack内で発言されたスニペットやファイルを、チームに参加していない外部の人とも共有することができます。

スニペットやファイルのアクションメニュー … をクリックしてメニューを開き、[Create public link …]（パブリックリンクの作成）を選ぶと、外部公開用の個別のリンクを取得します。

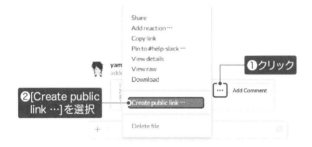

割り当てられた個別のリンクをコピーして、[Done]をクリックすると、リンクの存在を知っている人なら誰でもファイルにアクセスできるようになります。

パブリックリンクを非公開にしたい場合や、リンクの作成を取り消したい場合は、[Revoke]をクリックします。

パブリックリンクの取り消しを確認するパネルが現れるので、[Revoke it]をクリックします。

> ❗ チームメンバー以外でも、このリンクを知っている人は、内容を読むことができてしまいます。組織内のファイルの取り扱いや情報漏えいには十分に注意してください。なお、管理者はパブリックリンクの作成を禁止することができます（P.191）。

メッセージを共有しよう

チャンネルに発言されたメッセージを転載して、ほかのチャンネルやメンバーと共有できます。

12-1 メッセージを共有する

1 共有したいメッセージにカーソルを当て、共有アイコン （Share message…）をクリックします。

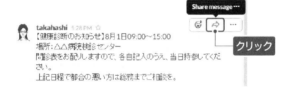

2 共有するチャンネルまたはDMを送るメンバーを選び、メッセージを入力します。

Section 12　メッセージを共有しよう

✥ コピーリンクアイコン をクリックすると、メッセージの個別のリンクをコピーします。
　リンク付き引用に利用できます(P.84)。

3 指定したチャンネルまたはメンバーに、メッセージの冒頭が転載されます。共有元のメッセージが長い場合は冒頭部分だけが表示されます。[Show more…]をクリックすると全文が表示されます。

✥ 共有されたメッセージを、同じ手順でさらに別のチャンネルやメンバーと共有することもできます。

> ❗ プライベートチャンネルおよびDMで発言されたメッセージは、同じチャンネルまたは同じメンバー同士のDMでのみ共有できます。

12-2　ファイルを共有する

チャンネルに発言された画像やファイルを、ほかのチャンネルやメンバーに転載して共有します。

1 共有したいメッセージにカーソルを当てて、共有アイコン （Share file…）をクリックします。

2 共有するファイルを確認するパネルが現れます。

「Share in」欄で共有するチャンネルまたはDMで送るメンバーを選んで [Share] をクリックします。

❖ 「Add Comment」欄に、共有するファイルに対するコメントを入力すると、コメントは、共有元のファイルのコメントとして追加され、共有元と共有先の両方で閲覧できます。

3 共有先のチャンネルにジャンプして、共有したファイルを表示します。

カーソルをファイルに当てるとメニューが現れます。コメント数のアイコンをクリックすると、ペーンが開き、ファイルに対するすべてのコメントが確認できます。コメントの追加もペーンから行います。

共有先のチャンネル
共有元
コメント数
ペーンでコメントの閲覧と発言ができる

❖ 共有されたメッセージを、同じ手順でさらに別のチャンネルやメンバーに共有することもできます。

Section 13 メッセージを検索しよう

検索ボックスにキーワードを入力して、チーム内のメッセージ、ファイル、コメント、DMから該当する発言を検索できます。

●検索の対象
- チーム内のすべてのパブリックチャンネルとアーカイブされたチャンネル
- 自分の参加しているプライベートチャンネル
- 自分がやり取りしたDMおよびグループDM

13-1 キーワードで検索する

検索ボックスにキーワードを入力して[Enter]キーを押すと、ペーンが開き、表示しているチャンネル内を検索した結果が表示されます。キーワードはハイライト表示されます。

キーワードを入力

- 検索結果の右上の ↕ をクリックすると検索した発言の前後の発言が表示されます。
- [Jump]またはタイムスタンプのリンクをクリックすると、該当の発言にジャンプしてハイライトで表示します。

13-2　条件で絞り込む

検索ボックスでは、複数の検索キーをスペースで区切って入力できます。

検索ボックスにカーソルを当てると、絞り込みの条件が現れるので、検索条件と一致するものがあれば選びましょう。

from: .... 指定したユーザ名のメンバーからの発言を検索

in: .... 指定したチャンネルまたはDMの中を検索

has: .... スター付き、リンク、リアクションがあるアイテムを検索

after: .... 指定した日付以降を検索

before: .... 指定した日付以前を検索

on: .... 指定した日、月、年を検索

検索ボックスに、英数字や記号を入力すると、その後ろに続く文字列を推測して検索候補が表示されます。

たとえば、「s」と入力すると、ユーザ名にsを含むメンバーや検索条件の候補が表示されます。

「@」を入力するとメンバーの一覧が表示されるので、検索したいメンバーを選びます。

●チャンネルとDM	
in:*channelname*	特定のチャンネルおよびDMのメッセージとファイルを検索
in:*name*	特定のメンバーとのDMを検索

●特定のメンバーからのメッセージまたはファイルを検索	
from:*username*	すべてのチャンネルとDMに含まれる、特定のメンバーからのメッセージを検索
from:me	自分が送ったメッセージを検索

●リンク、スター付きアイテム、リアクション	
has:link	リンクのURLを含むメッセージのみを検索
has:star	スターを付けたメッセージを検索(スター付きアイテムの一覧は画面右上のスターアイコンをクリックしても表示できます)
has:reaction	リアクションが付いているメッセージを検索
has::絵文字:	「:+1:」 👍 や「:smile:」 😊 など特定の絵文字のリアクションが付いたメッセージを検索

●日付と時間	
before:	
after:	「yesterday」(昨日)や「today」(今日)、「week」(週)、「month」(月)、「year」(年)、「Tuesday」(火曜日)、「April」(4月)、「2016」(2016年)
on:	などのキーワードも使用可能
during:	
アメリカ式	MM/DD/YYYY または MM-DD-YYYY
国際	YYYY-MM-DD または YYYY/MM/DD

> 🚫 英文を検索する場合、以下の単語は検索対象から除外されます。
>
> a, an, and, are, as, at, be, but, by, for, if, in, into, is, it, no, not, of, on, or, s, such, t, that, the, their, then, there, these, they, this, to, was, will, with
>
> 慣用句や文章など、完全一致で検索したい場合は、キーワードを引用符「" "」で囲みます。
>
> 日本語の文章の中の英単語を検索するときは、その英単語が半角スペースや句読点、鍵括弧などで囲まれている必要があります。

✤ 英数字の単語の末尾や間にアスタリスク「*」を入れると、ワイルドカードとして検索します。
  例: app* ⇒ app、apple、application
   ap*e ⇒ apple、approve
✤ [Ctrl]+[F]キー／ [⌘]+[F]キーを押しても、現在のチャンネルまたは会話の中を検索できます。

95

13-3 検索対象に含めないチャンネルの設定

関わりのない業務のチャンネルや、アーカイブ化されたチャンネルなど、検索結果として表示しなくてもよいチャンネルは、検索対象に含めないようにあらかじめ設定しておくことができます。

1 サイドバーのチーム名をクリックしてチームメニューを開き、[Preferences]（環境設定）を選びます。

2 [Search]をクリックし、検索対象に含めないチャンネルを選びます。[×]をクリックすると、メッセージ画面に戻ります。

13-4 クイックスイッチャー

クイックスイッチャーは、見たいと思ったチャンネルや、メッセージを送りたいメンバーをすばやく検索してジャンプできる機能です。

サイドバーのいちばん下（メッセージボックスの左側）にある検索アイコン をクリックすると、クイックスイッチャーが現れます。

✦ [Ctrl]+[K]キー／[⌘]+[K]キーを押しても、クイックスイッチャーが現れます。

● 未読メッセージにジャンプ

クイックスイッチャーを起動したときに未読メッセージがある場合は、移動候補として表示されます。

[Tab]キーまたは上下矢印キーで候補を選び、[Enter]キーで確定します。

● 見たいチャンネルにジャンプ

検索ボックスに「#」を入力すると、チャンネルの一覧が、移動候補として表示されます。

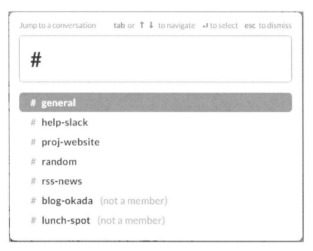

● メッセージを送りたい相手のDMにジャンプ

検索ボックスに「@」を入力すると、チームメンバーの一覧が、DMの相手として表示されます。

「ポスト」を使って文書を共同編集しよう

「ポスト」はドキュメントをSlack上で共有できる機能です。チームメンバーと共同で編集することもできます。

簡単な修飾やファイルの挿入もできるので、議事録、ウェブサイト用記事のドラフト、チェックリストなど、ある程度まとまった長さの文章は、「ポスト」の機能を使うとよいでしょう。

14-1　ポストを作成して共有する

1 メッセージボックス左側の[+]をクリックしてファイルメニューを開き、[Create a post]を選びます。

2 新しいウィンドウが開くので、タイトルと本文を入力します。

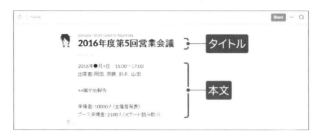

 ポストを下書き保存する

書きかけの原稿は、リアルタイムで保存されているので、編集をいったん終了する場合はブラウザの[×]ボタンなどで、ポストのウィンドウを閉じてください。

共有する前のポストは、プライベートファイルとして保存されます。再び原稿を開く場合は、メッセージ画面右上のアイテムメニュー ⋮（More Items）の[Your Files]を選ぶとファイルを見つけることができます（P.144）。

また、ポスト画面の左上のスターを付けておくと、スター付きアイテムの一覧（P.80）からも、ファイルを見つけることができます。

3 原稿を修飾し、体裁を整えます。原稿が完成したら、[Share]を
クリックします。

✥ ポストで利用できる書式は、P.103で解説します。

4 共有するチャンネルを選び、[Share]をクリックします。

ほかのメンバーとの共同編集を許可する場合は、[Let others edit this post]
をチェックします。

[Add Comment]欄にコメントを入力すると、ポストのコメントとして発言されます。

5 ポストがメンバーに共有されました。[Done editing]をクリックすると編集を終了します。

6 ポストのウィンドウを閉じ、メッセージ画面に戻ります。

画面にはポストの冒頭部分だけが表示されます。[＋ Click to expand inline]をクリックすると、全体が表示されます。

再度ポストを編集したい場合は （Edit in new window）をクリックします。

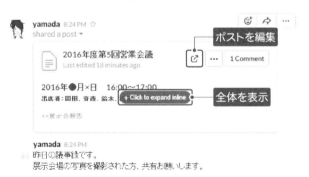

14-2　ポストで使える書式

● 段落の書式

段落記号 ¶ をクリックすると、その段落の書式を選ぶことができます。

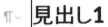

H1　H2　H3 …… 大見出し、中見出し、小見出し

≔ …… 黒丸のリスト

½≡ …… 数字のリスト

☑ …… チェックボックス

<> …… 複数行の固定幅テキスト

表示のサンプル

● 文字列の修飾

文字列を選択すると、選択した範囲を修飾できます。[×]をクリックすると修飾を取り消します。

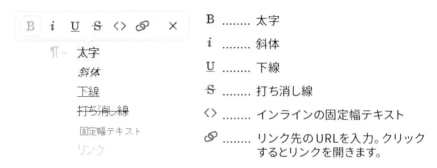

❖ キーボード操作だけで書式／修飾を付けることができます。ポストで編集中に[Ctrl]+[/]キー／[⌘]+[/]キーを押すと一覧が現れます。メニュー操作では実現できない書式／修飾もありますので、ポストの機能をフルに使いたい場合はチェックしてみてください。

---

column　ポストの共同編集

同じ時間にポストを閲覧しているメンバーがいると、アイコンが左下に表示されます。ポストの共同編集を許可している場合、ほかのメンバーが編集している間は[Edit]が押せません。編集者が[Done editing]をクリックして編集を完了すると、[Edit]が有効になります。

14-3　ポストにファイルを追加する

ポストにファイルや画像データのリンクを貼り付けておくことができます。前回の議事録のリンクや、関連資料などのリンクを貼り付けておくと便利です。

1 画像データおよびウェブサイトのリンクをポストに貼り付けると、サムネイルを表示します。

リンクは、チャンネルのメッセージや外部のウェブサイトからコピーします。PDFやオフィス文書のリンクは、そのまま文字列が貼り付けられます。

! 画像のサムネイルの右側の[×]をクリックすると、画像データの貼り付けを取り消します。貼り付けたURLも削除されます。

Section 14 「ポスト」を使って文書を共同編集しよう

ｃｏｌｕｍｎ

Markdown記法によるプレーンテキストをポストに取り込む

ポストに長い文章を掲載したい場合、自分が使い慣れたテキストエディタで作成する方法があります。Markdown記法を使ってプレーンテキストを作成し、それをポストのウィンドウにコピー＆ペーストして貼り付けてください。その場で整形されたポストになります。

> ❗ 現時点ではMarkdown記法に関する記述はSlackのヘルプにはありません。今後動作が変わるかもしれませんので、利用には留意してください。

内容	Markdown記法	ポストでの整形
見出し	# 見出し1 ## 見出し2 ### 見出し3 通常の段落	**見出し1** **見出し2** 見出し3 通常の段落
箇条書きリスト	リスト1 　- ネスト リスト1_1 　　- ネスト リスト1_1_1 　　- ネスト リスト1_1_2 　- ネスト リスト1_2 リスト2 リスト3 （レベルを深くするには4個のスペース）	・リスト1 　◦ ネストリスト1_1 　　■ ネストリスト1_1_1 　　■ ネストリスト1_1_2 　◦ ネストリスト1_2 ・リスト2 ・リスト3
番号付きリスト	1. 番号付きリスト1 　1. 番号付きリスト1_1 　1. 番号付きリスト1_2 1. 番号付きリスト2 1. 番号付きリスト3 （レベルを深くするには4個のスペース）	1. 番号付きリスト1 　a. 番号付きリスト1_1 　b. 番号付きリスト1_2 2. 番号付きリスト2 3. 番号付きリスト3
引用	> 日時：7月12日(火) 13:30 > 場所：当社会議室	日時：7月12日(火) 13:30 場所：当社会議室
固定フォーマット	配布資料 　　本年の展示会企画案 　　昨年の展示会報告 　　　担当者の所感 　　　アンケート結果 （半角スペース4個、またはタブを行頭に入れる）	配布資料 　本年の展示会企画案 　昨年の展示会報告 　　担当者の所感 　　アンケート結果
修飾	この文字を`固定幅` `fixed width`します	この文字を `固定幅` `fixed width` します
境界線	*** ＿＿＿ ---	

106

Section 15 外部のサービスと連携しよう

Slackは連携できる外部アプリが豊富なことも特長の一つです。普段使っているオンラインストレージやコミュニケーションアプリなどと連携すると、Slackがより便利なコミュニケーションツールになるでしょう。

15-1 連携できるアプリを探す

1 サイドバーのチーム名をクリックしてチームメニューを開き、[App & Integrations]を選びます。

Section 15　外部のサービスと連携しよう

2 Slackが運営するアプリ一覧サイト（https://slack.com/apps）が開きます。左のカテゴリー一覧から利用したいアプリのジャンルを選ぶか、検索ボックスにアプリの名前を入力して検索します。

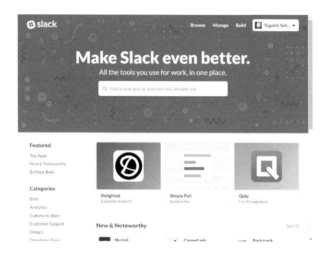

> 無料プランでは、連携できるアプリの数に制限があります。各プランの詳細は「Pricing Guide」（https://slack.com/pricing/）でご確認ください。

15-2　Google Calendarと連携する

Google Calendarでスケジュール管理をしている場合は、関連する業務のチャンネルやDMにカレンダーを連携させることができます。予定が入ったときや変更になったときに自動的に通知します。また、スケジュールが近づいたときにリマインドすることもできます。

チーム共有のカレンダーを作って、共同利用してもよいでしょう。

1 カテゴリー一覧の「Productivity」（生産性）から「Google Calendar」を選びます。

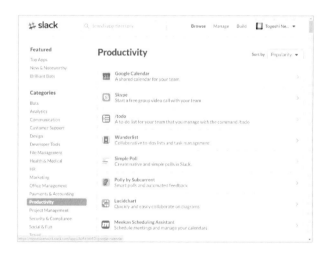

2 Google Calendarを連携させるチームを選び、[Install]（インストール）をクリックします。

3 Googleアカウントとの連携を承認するか確認されるので、
[Authorize a Google Account]（承認）をクリックします。

4 Googleから、Slackとの連携を許可するか確認されるので[許可]
をクリックすると、認証が完了します。

5 共有したいカレンダーとチャンネルまたはDMを紐付けます。

画面をスクロールして、イベントのリマインダー、カレンダーの更新に関する通知、一日の予定や今週の予定のサマリーを送るかどうか設定し、[Save Integration]をクリックします。

6 カレンダーの連携が完了しました。[I'm done!]をクリックします。

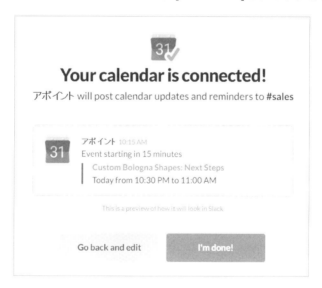

Section 15　外部のサービスと連携しよう

7 [Connect a Calendar to Slack]をクリックすると、ほかのカレンダーを追加できます。ランチャーアイコン（Launch）をクリックするとメッセージ画面に戻ります。

この画面で現在のカレンダー連携の変更や、新しい設定の追加もできます。

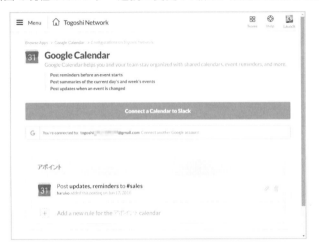

8 チャンネルにカレンダーが追加されたことが通知されます。リマインダーや新しいスケジュールの追加も表示されるようになりました。

112

15-3 Google Driveと連携する

Google Driveにアップロードしたファイルのリンクを Slackのメッセージに貼り付けると、ファイルを自動的にインポートしてメンバーに共有します。Slack内でファイルとして管理されるので、Slackからファイルを起動してドキュメントの閲覧や編集ができるようになります。

1 カテゴリー一覧の「File Management」(ファイル管理)から「Google Drive」を選びます。

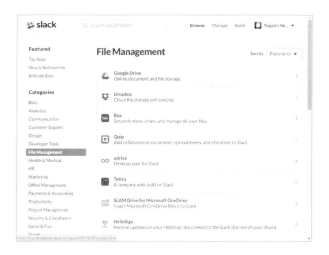

2 Google Driveを連携させるチームを確認し、[Configure](設定)をクリックします。

3 Google Driveアカウントとの連携を認証するか確認されるので、[Authenticate your Google Drive account]をクリックします。

4 Googleから、Slackとの連携を許可するか確認されるので[許可]をクリックすると、認証が完了します。

5 Google Driveで共有したいファイルのリンクを取得し、クリップボードにリンクをコピーします。

6 Slackのチャンネルに戻り、メッセージボックスにリンクを貼り付けて、[Enter]キーを押します。

7 Slackbotから「リンクからGoogle Driveのファイルをインポートしてもよいか」と確認されるので[Yes]（今後常にインポートする）、または[Just this once]（今回はインポートする）をクリックします。

Googleとのオンラインアクセスについて確認する画面が現れたら[許可]をクリックします。

8 Google Driveのファイルがインポートされ、チャンネルに発言されました。

サムネイルをクリックすると、オンライン上でファイルを開きます。

15-4 Dropboxと連携する

Dropboxにアップロードしたファイルを、ファイルのアップロードと同様の操作でインポートできます。

Slack内でファイルとして管理されるので、Slackからファイルを起動してドキュメントの閲覧や編集ができるようになります。

1 カテゴリー一覧の「File Management」(ファイル管理)から「Dropbox」を選びます。

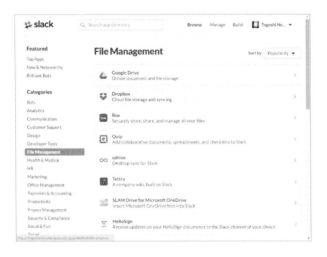

2 Dropboxを連携させるチームを確認し、[Install]をクリックします。

3 Dropboxアカウントとの連携を認証するか確認されるので、[Authenticate your Dropbox account]をクリックします。

4 Dropboxから、Slackとの連携を許可するか確認されるので[許可]をクリックすると、認証が完了します。

Section 15 外部のサービスと連携しよう

5 メッセージボックスの[＋]をクリックして[Import from Dropbox]を選びます。

Dropboxのウィンドウが開くのでインポートしたいファイルを選びます。

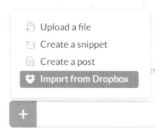

6 ファイルのタイトル、共有するチャンネルまたはDM、コメントを設定して、[Upload]をクリックします。

7 Dropboxのファイルがインポートされ、チャンネルに発言されました。

サムネイルをクリックすると、インポートされたファイルを開きます。Dropboxにあるオリジナルのファイルを閲覧したい場合は、アクションメニュー … (More actions)から[Open Original]を選びます。

Dropboxの共有リンクを使ってインポートする

① Dropboxで共有したいファイルのリンクを取得し、クリップボードにリンクをコピーします。

② Slackのチャンネルに戻り、メッセージボックスにリンクを貼り付けて、[Enter]キーを押します。

> 見積書です。
> https://www.dropbox.com/s/4jjgfosx3li41c2/mitsumori.doc?dl=0

③ Slackbotから「リンクからDropboxのファイルをインポートしてもよいか」と確認されるので[Yes]（今後常にインポートする）、または[Just this once]（今回はインポートする）をクリックします。

 yamada 6:10 PM
見積書です。
https://www.dropbox.com/s/4jjgfosx3li41c2/mitsumori.doc?dl=0

 slackbot 6:10 PM　Only visible to you
That looks like a Dropbox link. Do you want us to import it and all future Dropbox links from you?
Yes • Just this once • Not now • Never

④ Dropboxのファイルがインポートされ、チャンネルに発言されました。
サムネイルをクリックすると、オンライン上でファイルを開きます。

 yamada 6:10 PM
♥ shared a file ▼

 mitsumori.doc
36KB Word Document from Dropbox

Section 15　外部のサービスと連携しよう

15-5　Twitterと連携する

自分のTwitterやいつも購読している情報系Twitterなど、チェックしておきたいTwitterアカウントのつぶやきを、SlackのチャンネルやDMに自動的に発言できます。

1 カテゴリー一覧の「Social & Fun」から「Twitter」を選びます。

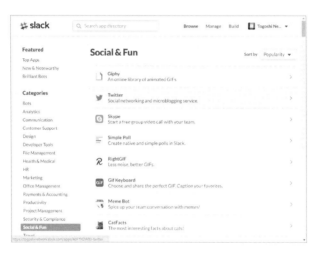

2 Twitterを連携させるチームを確認し、[Install]をクリックします。

120

3 Twitterアカウントとの連携を認証するか確認されるので、
[Add Twitter Integration]をクリックします。

4 Twitterから、Slackにアカウントの利用を許可するか確認されるので、自分のTwitterアカウントの「ユーザー名、またはメールアドレス」と「パスワード」を入力し、[連携アプリを認証]をクリックすると、認証が完了します。

Section 15　外部のサービスと連携しよう

5 Slackに自動発言させたいTwitterのアカウント名と、受信するつぶやき、発言するチャンネルなどを設定し、[Save Settings]をクリックします。

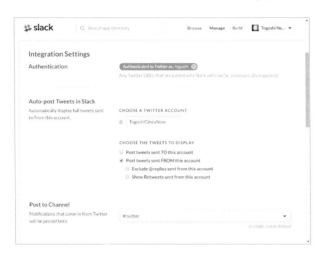

6 登録したTwitterアカウントがつぶやくと、指定したチャンネルに発言されます。

 購読するTwitterアカウントを追加する

購読するアカウントを追加したい場合や、購読中のアカウントの設定を変更したい場合は、カテゴリー一覧の「Social & Fun」から「Twitter」を選び、Twitterを連携させるチームを確認し、[Configure]をクリックします。[Add Configration]をクリックすると、Twitterアカウントを追加できます。

編集アイコン🖉をクリックすると編集画面が開きます。

15-6 RSSと連携する

ニュースサイトやブログなどのRSSフィードを、SlackのチャンネルやDMに自動的に発言できます。

❶ カテゴリー一覧の「Communication」から「RSS」を選びます。

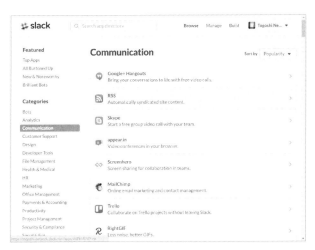

❷ RSSを連携させるチームを確認し、[Install]をクリックします。

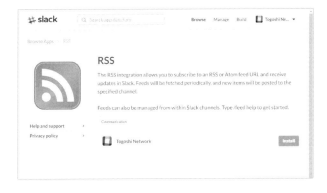

3 RSSとの連携を認証するか確認されるので、[Add RSS Integration]
をクリックします。

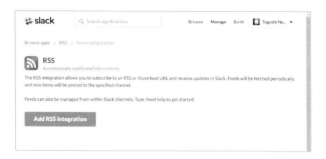

4 購読したいRSSフィードのURLと、フィードを登録するチャンネルを
設定し、[Subscribe to this feed]をクリックします。

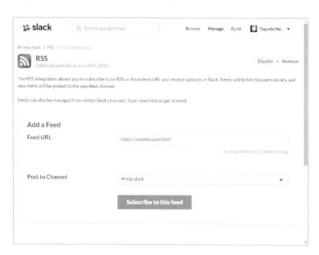

5 RSSフィードが登録されました。

さらにRSSフィードを追加したい場合は、Add a Feed欄にフィードのURLとフィードを登録するチャンネルを設定します。

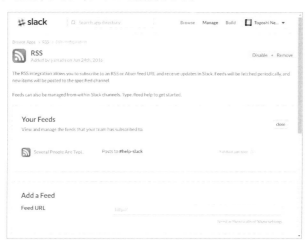

---

column

スラッシュコマンド「/feed」を使ってRSSフィードを購読する

外部連携機能を使わず、Slackに直接RSSフィードを登録することもできます。

メッセージボックスに「/feed subscribe [RSSフィードのURL]」と入力すると、コマンドを発言したチャンネルにRSSフィードを登録します。

「/feed list」と入力すると、購読しているRSSフィードのタイトルとIDが表示されます。

フィードの購読をやめる場合は、「/feed remove [IDの数字]」を入力します。

「/feed help」と入力すると、RSSフィードの登録や削除の方法について、Slackbotが発言します。

✥ スラッシュコマンドについての詳細は、P.131を参照してください。

リマインダー機能で自動的にメッセージを送ろう

忙しいとつい忘れがちな日課や重要なイベントなどを、リマインダーに設定しておくと、Slackbotが指定の時間に呼びかけてくれます。

リマインダーを設定するときは、メッセージボックスに「/remind」から始まるコマンドを入力します。

```
/remind [@メンバー名 または #チャンネル名] [何をする] [いつ]
```

どのチャンネルのメッセージボックスに入力してもよいので、急いでいるときでもすぐに設定できます。

❖ 通知を受け取らない設定にしていると、リマインダーに気づきづらくなります。リマインダーを有効的に活用するには、SlackbotからのDMを常に通知する設定にしておきましょう（P.145）。

16-1　1回だけ指定した時間にリマインダーを送る

リマインドを1回だけ通知する場合は、自分自身（me）、メンバー（@ユーザ名）、パブリックチャンネル（#チャンネル名）が指定できます。

1 たとえば、10分後にAさんに電話をかけなおしたいときには、

```
/remind me Aさんに電話かけなおす in 10 min
```

と入力します。

```
+ /remind me Aさんに電話かけなおす in 10 min
```

Slackbotがリマインドの内容を確認します。

間違えた場合や必要なくなった場合は [Cancel] をクリックすると、リマインドを取り消します。

[View existing reminders] を押すと、既存のリマインドを表示します。

> **slackbot** 8:32 PM　Only visible to you
> 👍 I will remind you "Aさんに電話かけなおす" in 10 minutes at 8:42pm today. Cancel · View existing reminders

 指定した時間になるとSlackbotがリマインドの内容を自動的に発言します。

[Mark as complete] をクリックすると、完了したとみなします。

あとでリマインドを再送してほしいときは、15分後、1時間後、明日（金曜日の場合は翌月曜日）のいずれかのリンクをクリックすると、リマインドが再設定されます。

> **slackbot** 8:40 PM
> You asked me to remind you "Aさんに電話かけなおす". Mark as complete or remind me later: 15 mins · 1 hr · Tomorrow · Monday

---

 登録したリマインドを確認する

「/remind list」と入力すると、これまでに登録したリマインドの一覧が表示されます。不要になったリマインダーは [Delete] をクリックするとリストから削除されます。

Section 16　リマインダー機能で自動的にメッセージを送ろう

16-2　繰り返しリマインダーを送る

「毎日」「毎週○曜日」「毎月○日」「毎年○月×日」の形で繰り返して予定を通知することもできます。繰り返しの通知の場合は、自分以外のメンバーを通知先に指定することはできません。自分自身（me）、または、パブリックチャンネル（#チャンネル名）を指定できます。

1 たとえば、毎週月曜日の 10 時から定例会議がある場合は

```
/remind me 定例会議の時間です。at 10:00 every Monday
```

と入力します。

 **日時の指定の例**

時間指定
- in 15 minutes
- on July at 6pm tomorrow
- on March 9th at 8:55pm

日時指定（日付のみ指定した場合、標準設定では、朝9時に通知されます。）
- at 10am every weekday
- at noon on January 7
- on 8 Feb
- on 11/30/2018

繰り返し設定
- on Tuesdays
- at 10:00 every Thursday
- every January 20
- on the 4th of every month

128

16-3　チャンネルのメンバーにリマインダーを送る

リマインダーをほかのメンバーと共有したい場合は、宛先にチャンネル名を指定します。リマインダーを設定した時点で、送信先に指定した相手にも通知が届きます。

1 たとえば、毎週金曜日がゴミの日で、前日までにゴミを回収する必要がある場合は、

```
/remind #general 明日は燃えるゴミの日です！
at 17:00 every Thursday
```

と入力します。

Section 17 ショートカットとスラッシュコマンドを使ってみよう

「ショートカットキーを覚えるのが大変」、「コマンドを入力するなんて難しそう」……Slackはパソコンの操作にあまり詳しくない人でも簡単に使えるようにサポートしてくれる機能がたくさんあります。

全部覚える必要はありませんが、うまく活用すればSlackをより便利に使えるようになるでしょう。

17-1　キーボードショートカット

最初に、[Ctrl]キー(Windows)または[⌘]キー(Mac)を押しながら[/](スラッシュ)キーを押してみましょう。

画面にキーボードショートカットの早見表が現れます。ショートカットキーを覚えていなくても、この画面を表示すれば、いつでもショートカットキーを思い出すことができます。

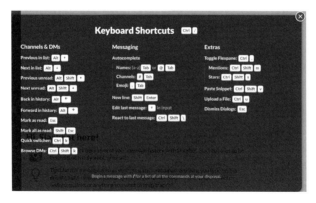

✣ 早見表を消すときは、早見表の画面右上の[×]アイコンをクリックするか[Esc]キーを押します。

たとえば、8-2(P.57)で紹介した、[Tab]キーで絵文字の続きを自動入力する操作や、8-4(P.63)で紹介した、[↑]キーで最後に発言したメッセージを編集状態に戻す操作も、ショートカットの一つです。

本書では、ショートカットキーは"[Ctrl]＋[/]キー／[⌘]＋[/]キー"のように表示します。

❖ キーボードショートカットの一覧は付録(P.222)をご覧ください。

17-2 スラッシュコマンド

スラッシュコマンドを使うと、キーボード操作だけでさまざまな機能を呼び出すことができます。

メッセージボックスに「/」（スラッシュ）を入力してみましょう。スラッシュコマンドの候補と入力のヒントが現れます。

たとえば、10-3(P.81)で紹介した、「/star」でチャンネルにスターを付ける操作や、Section16(P.126)で紹介した、「/remind」でリマインダーを設定する操作も、スラッシュコマンドの一つです。

❖ スラッシュコマンドの一覧は付録(P.225)をご覧ください。

Section 17 ショートカットとスラッシュコマンドを使ってみよう

17-3 Slackbot

チームに参加したときに最初に話しかけてくるのがSlackbotです。

Slackbotはさまざまな場面に登場し、設定変更の通知やSlackをより便利に使うためのアドバイスを送ってくれます。また、リマインダー（P.126）を設定すると、Slackbotが指定した日時に通知してくれます。

Slackbotとの対話をぜひ有効に活用してみてください。

■ 各種設定の確認

Slackを使い始めた直後や、チャンネルやプロフィールの設定を変更したときなどに、Slackbotから通知が届きます（P.33）。

また、Google Driveのような外部連携機能を有効にしたときにも、設定を確認するメッセージを送ってきます（P.115）。

■ Slackbotのカスタマイズ

チームのメンバーが送ったメッセージに反応してSlackbotが自動的に返事をするようにカスタマイズすることができます。

作りこむことでさまざまな業務に活用できますが、ちょっとした息抜きのために、Slackbotとの会話を楽しむこともできます。

❖ カスタマイズしたSlackbotの自動応答は、チャンネルだけで利用できます（DMでは利用できません）。

Slackbotの自動応答を設定するには、サイドバーのチーム名をクリックして[Customize Slack]を選び、「Customize Your Team」の「Slackbot」の画面を開きます。

「When someone says」欄に、トリガーとなるメンバーからのメッセージを、「Slackbot responds」欄に、Slackbotに応答してほしいメッセージを入力して、[Save response]をクリックすると自動応答が設定されます。

会話には絵文字を使うこともできます。

「When someone says」のメンバーの発言は「,」（コンマ）で区切ることで、複数の言葉を指定できます。

Slackbotにランダムに返答してほしい場合は、「Slackbot responds」欄に1行ずつ改行してメッセージを入力します。

[＋ Add new response]をクリックすると、新しい自動応答メッセージが登録できます。

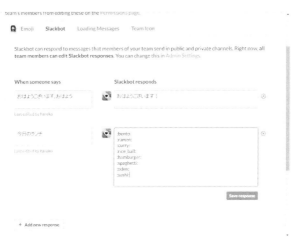

チャンネルのメッセージボックスからトリガーとなるメッセージを送ると、Slackbotが自動で応答します。

❖ トリガーとなるメッセージの前後にテキストを含む場合は、前後を空白で区切ってください。

❖ 管理者だけがSlackbotとの対話を設定できるように変更することもできます（P.191）。

Section 17　ショートカットとスラッシュコマンドを使ってみよう

column

読み込み時のメッセージを設定する

Slackの起動時や再読み込み時に表示されるメッセージを設定できます。

設定したメッセージは設定したメンバーのアイコンとともにチーム全員に共有されます。一日が楽しくなるようなメッセージや諺などを追加するとよいでしょう。

✤ 読み込み時のメッセージは150件まで登録できます。初期設定では誰でも追加できますが、追加できるメンバーを管理者だけに限定することができます（P.190）。

読み込み時のメッセージを追加するには、サイドバーのチーム名をクリックして[Customize Slack]を選び、「Customize Your Team」の「Loading Messages」の画面を開きます。

「Add a custom loadding messages」欄に140字以内でメッセージを入力します。[Add Message]をクリックすると、オリジナルのメッセージが追加されます。

「Messages from your friends at Slack」を[OFF]にすると、オリジナルのメッセージだけが表示されます。

Chapter 4
応用編2
いろいろな設定や管理

チームに参加するときやチャンネルを作った
ときにガイダンスに従って登録した内容は、
あとから確認したり、変更したりできます。

Section 18	個人の設定を確認しよう	136
Section 19	通知を設定しよう	145
Section 20	チャンネルのまとめ情報を知ろう	155
Section 21	チャンネルを管理しよう （よく使う操作）	160
Section 22	チャンネルを管理しよう （しばらく使ってからの操作）	165
Section 23	複数のチームに参加しよう	173

Section 18 個人の設定を確認しよう

Slackには、普段メッセージを発言するのに使う「メッセージ画面」のほかに、ユーザ情報やチームの管理を行うための入り口となる「ホーム画面」と、メッセージの通知や画面表示などを設定する「環境設定画面」があります。
アカウント登録の際に設定した情報は、あとから変更することができます。

18-1 ホーム画面

Slackにサインインした状態で、https://my.slack.com/home/ にアクセスすると、サインインしているチームのホーム画面が表示されます。

❖ URLの「my」の部分は、自動的にサインインしているチームのサブドメインに切り替わります。

❶ **Menu** . . . . . クリックすると、各種設定のメニューを開きます。

❷ **Home** . . . . . （ほかの設定画面を開いているときに）ホーム画面に移動します。

❸ **Teams** . . . . サインインしているチームの一覧を表示します。複数のチームに参加 (P.173)している場合は、チーム名を選ぶと、そのチームのホーム画面 に移動します。

❹ **Help** . . . . . . Slackのヘルプセンターのリンクや問い合わせ先について案内します。

❺ **Launch** . . . ランチャーアイコンです。メッセージ画面に移動します。

ホーム画面からは、以下の設定画面にアクセスできます。

○ **アカウント設定**（Account Settings）
ユーザ名やパスワードなどを設定します（P.140）。

○ **通知設定**（Notification Settings）
メッセージを受けたときの通知を設定します（P.145）。

○ **チームディレクトリ**（Team Directory）
チームメンバーの一覧とプロフィールを表示します。

○ **カスタマイズ**（Customize Slack）
オリジナル絵文字(P.58)、Slackbot(P.132)や読み込み時のメッセージの設定 (P.134)を行います。

○ **統計情報**（Statistics）
チームの統計情報を表示します。全体のメッセージ数やストレージの利用状況などが 確認できます（P.213）。

○ **最近追加した外部アプリ**（Recently Add Applications）
連携している外部アプリ(P.107)を表示します。

さらに、管理者の場合は以下の設定画面にもアクセスできます。

○ **チーム設定**（Settings & Permissions）
管理者がチームを管理するための各種設定を行います（P.180）。

○ **メンバー管理**（Manage Your Team）
チームメンバーの権限や操作の制限を設定します（P.193）。

Section 18 個人の設定を確認しよう

18-2 ユーザ名やパスワードを変更する

登録しているユーザ名やパスワード、メールアドレスなどを変更するときには、アカウント設定で行います。

1 サイドバーのチーム名をクリックしてチームメニューを開き、[Profile & account]を選びます。

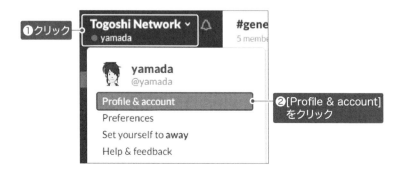

2 ペーンにプロフィール画面が現れるので、[Account Settings]をクリックすると、アカウント設定画面が開きます。

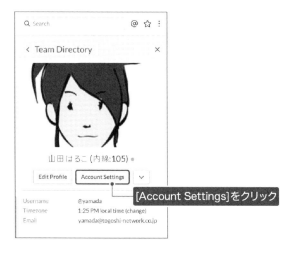

3 [Settings]の画面で、それぞれの項目の[expand]をクリックすると、設定画面が開きます。

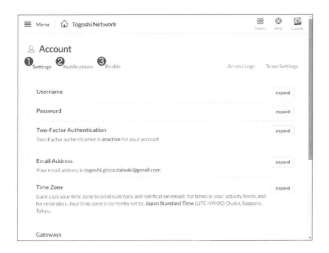

❶ アカウント設定(P.140)

❷ 通知設定(P.145)

❸ プロフィール設定(P.35)

Section 18 個人の設定を確認しよう

● ユーザ名（Username）

ユーザ名（@*username*）を変更したいときに使います。

新しいユーザ名を入力して[Save]をクリックします。

ユーザ名はすべて小文字で、20文字以内にします。英数字、ピリオド（.）、ハイフン（-）、アンダースコア（_）が利用できます。

> ❗ ユーザ名を変更できるのは1時間に2回までです。

● パスワード（Password）

パスワードを変更したいときや、現在のパスワードを忘れてしまったときに使います。

・パスワードの変更

「Current Password」欄に現在のパスワードを、「New Password」欄に新しいパスワードを入力して[Save Password]をクリックします。

・パスワードのリセット

パスワードを忘れてしまったときは、[Reset your password by email]をクリックすると、登録したメールアドレス宛にパスワードを再設定するメールが届きます。

● 2段階認証（Two-Factor Authentication）

Slackへサインインするときに、パスワード入力だけでなく、Slackから携帯電話／スマートフォンのSMSに送られてくる認証コードが必要になるように設定できます。

[Setup Two-Factor Authentication]をクリックして2段階認証を設定すると、この機能が働くようになります。スマートフォンの場合、SMSではなく専用アプリで認証コードを受け取れるようにもできます。

パスワード入力だけではセキュリティに不安な場合は、利用するとよいでしょう。

140

● メールアドレス（Email Address）

登録中のメールアドレスを変更します。

「Current Password」欄に現在のパスワードを、「New Email Address」欄に新しいメールアドレスを入力して [Update Email] をクリックします。

● タイムゾーン（Time Zone）

Slackはタイムゾーンの設定時間に沿って、通知やリマインダーを送ります。

タイムゾーンを変更したい場合は、時差や地名からタイムゾーンを選択して [Save Time Zone] をクリックします。

● ゲートウェイ（Gateways）

外部からSlackにメッセージを書き込みできるようにする場合は、ゲートウェイを設定します。IRCとXMPPのクライアントから接続できます。ゲートウェイを有効にするには、チーム設定画面での設定が必要です。（P.199）

● サインアウト（Sign out all other sessions）

Slackでは一度サインインしたら、ブラウザを閉じるときやパソコンを再起動するときなどにサインアウトする必要はありません。

もし、携帯電話を紛失したり、公共のパソコンでサインインした場合などは、[Sign out all other sessions] をクリックすると、アカウントに関連付けられたクッキーやゲートウェイ、モバイルへの通知機能などの設定情報をリセットします。

● アカウントを無効化する（Deactivate account）

現在参加しているチームでアカウント登録が不要になった場合に、アカウントを無効にします。

複数のチームに登録している場合、ほかのチームのアカウントには影響しません。

❖ メールアドレスやユーザ名を変更したい場合は、アカウントを無効にせず、メールアドレスの変更とユーザ名の変更を行ってください。

141

Section 18 個人の設定を確認しよう

18-3 環境設定

環境設定(Preferences)画面では、画面表示や通知に関する設定を行います。
設定はただちに切り替わるので、いろいろ試して好みの表示設定を見つけてみてください。

1 サイドバーのチーム名をクリックしてチームメニューを開き、[Preferences](環境設定)を選びます。

2 環境設定画面が開きます。

サイドバーのメニューをクリックすると、それぞれの設定画面に切り替わります。

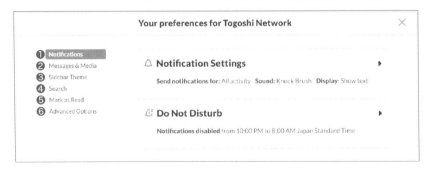

142

❶ 通知（Notifications）

通知設定（P.145）と通知を受け取らない時間帯の設定（P.153）を行います。

❷ メッセージとメディア（Messages & Media）

メッセージ画面の表示を設定します。

・メッセージの表示（Message Display）：

Message Theme：メッセージエリアでのアイコンの表示／非表示を設定します。

Display Options：画面に表示するユーザ名や時間の表示について設定します。

Emoji Style：絵文字のデザインを選べます。

Show JUMBOMOJI：絵文字だけのメッセージを送ったときに大きい絵文字を表示します。

Convert Emoticons：入力された顔文字（「:D」など）を絵文字に変換します。

・発言されたメディアとリンク（Inline Media & Links）：

発言されたリンクや画像ファイルの展開表示／非表示を設定します。

❸ サイドバーのテーマ（Sidebar Theme）

サイドバーの画面の色合いを設定します（P.39）。

❹ 検索（Search）

検索対象にしないチャンネルを設定します（P.96）。

❺ 既読にするタイミング（Mark as Read）

未読メッセージをどのタイミングで読んだことにするか設定できます。また、既読／未読の切り替えができるショートカットを紹介しています。

❻ 高度なオプション（Advanced Options）：上級者向きのオプションです。

・Input Options：メッセージ入力時のスペルチェックや推測入力、キー操作の変更などを行います。

・Channel List：サイドバーに表示するチャンネルを設定します。

・Other Options：ショートカットキーや画面のスクロールに関して設定します。

・Debugging Options：開発者向けのオプションを設定します。

143

Section 18　個人の設定を確認しよう

18-4　アイテムメニュー

画面右上のアイテムアイコン ⋮ （More Items）をクリックすると、アイテムメニューが開きます。共有されたファイルの一覧や参加メンバーの一覧などを確認できます。

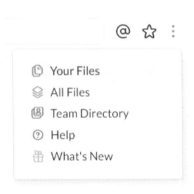

●Your Files .... 自分が最近アップロードした画像やファイルの一覧を表示します。[See all files on a web page …]をクリックすると、自分のファイル一覧「My Files」（https://my.slack.com/files/*username*/）のページを開きます。

●All Files .... メンバーが最近アップロードした画像やファイルの一覧を表示します。[See all files on a web page …]をクリックすると、全体のファイル一覧「All Files」（https://my.slack.com/files/）のページを開きます。

●Team Directory .... チームに参加しているメンバーの一覧を表示します。メンバーを選ぶとプロフィール画面が表示されます。

●Help .... Slackのヘルプページやキーボードショートカット（P.130）のリンクにジャンプできます。

●What's New .... Slackの機能追加のお知らせを表示します。

Section
19 通知を設定しよう

Slackには、チャンネルにメッセージが発言されたときや、自分宛のメッセージが届いたときなどに通知してくれる機能があります。

通知先や、通知のタイミングなどの設定は、いつでも変更することができます。

19-1　通知（Notifications）を設定する

通知（Notifications）設定画面では、デスクトップ通知、モバイル通知、メール通知、チャンネルごとの通知、ハイライトワード設定、既読メッセージの設定を行います。

❖ アカウント作成時にナビゲーションバーで[enable desktop notifications]のリンクをクリックした場合は、デスクトップ通知が有効になっています（P.34）。

1 18-1 の手順でホーム画面（https://my.slack.com/home）にアクセスし、[Notification Settings]をクリックします。

❖ 通知設定画面には、ほかにもいろいろな画面からアクセスできます。たとえば、18-2（P.138）の手順でアカウント設定画面を開き、[Notifications] をクリックしても、18-3（P.142）の手順で環境設定画面を開き、[Notification Settings] をクリックしてもかまいません。

2 通知設定画面を開きます。

通知の設定をSlackの推奨モードにするか、自分で設定するかどうか確認する画面が表示されます。初期設定は、メッセージが発言されるたびに通知する設定になっています。

[Switch to our recommended settings]をクリックするとSlack推奨の設定（DMとハイライトワードが送られたときのみ通知する）に変更します。

145

Section 19　通知を設定しよう

❖ そのほかの詳細な設定をしたい場合は、[customize your notification settings]のリンクをクリックします。

3 通知設定画面が開きます。

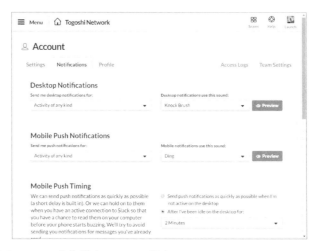

❖ 設定を変更したあとで初期設定に戻したい場合は、[switch back to the default settings]のリンクをクリックします。

● デスクトップ通知 (Desktop Notifications)

パソコンのデスクトップ通知の内容と通知音を設定します。
・あらゆる種類の発言を通知(Activity of any kind)
・DMとハイライトワードのみ通知(Only Direct Messages & Highlight Words)
・通知しない(Nothing (desktop notifications off))

● モバイルプッシュ通知 (Mobile Push Notifications)

スマートフォンのSlackアプリを使用している場合に、スマートフォンに通知する内容と通知音を設定します。
・あらゆる種類の発言を通知(Activity of any kind)
・DMとハイライトワードのみ通知(Only Direct Messages & Highlight Words)
・ハイライトワードのみ通知(Only Highlight Words)
・DMのみ通知(Only Direct Messages)
・通知しない(Nothing (desktop notifications off))

● モバイルプッシュ通知のタイミング (Mobile Push Timing)

デスクトップでSlackを起動しているときには、スマートフォンでの通知のタイミングを遅らせ、既読になったメッセージの通知は行わないように設定できます。
・デスクトップがアクティブでないときにはできるだけ早く通知する(Send push notifications as quickly as possible when I'm not active on the desktop)
・設定した時間が経過してもデスクトップがアクティブにならなかったら通知する(After I've been idle on the desktop for: [設定時間])

❖ 標準設定は2分経過後にプッシュ通知します。

● チャンネルごとの設定 (Channel Specific Settings)

チャンネルごとに通知の設定をカスタマイズします(P.149)。

Section 19 通知を設定しよう

● メールの環境設定 (Email Preferences)

Slackから離れていて通知に気づかなかったときに、メールで通知することができます。

・メール通知設定(Email Notifications)

スヌーズ(Do not Disturb)(P.151)やオフライン状態で、新しいDMやメンションが届いたときにメールで通知するタイミングを、「15分後」と、「多くて1時間に1回」、「通知しない」の3種類から選びます。

・メールニュースと更新情報のお知らせ(Email News & Updates)

Slackからのお知らせを受け取るかどうかを選びます。
これらのチェックを外していても、パスワードリセットの通知などの重要なメールは届きます。

● ハイライトワード設定 (Highlight Word)

発言されたメッセージの中に設定したハイライトワードが含まれている場合に通知します。単語や文章をコンマ(,)で区切って入力します。大文字小文字の区別はありません。

✛ ハイライトワードには、自分のユーザ名が初期設定されています。削除することはできません。

● メッセージを既読にするタイミング (Marking Messages as Read)

初期設定では、未読メッセージがあるチャンネルやDMのページを開くと既読として扱います。いちばん古い未読メッセージにスクロールして表示する設定や、未読のメッセージをすべて読み終わるまで未読マークを残す設定に変更できます。

✛ 既読にするタイミングの設定は、環境設定画面の「Mark as Read」の項目からも変更できます (P.143) 。

19-2 チャンネルごとに通知を設定する

デスクトップ通知やモバイルプッシュ通知を設定している場合でも、チャンネルやグループDMごとに通知する内容を変えることができます。

1 通知設定を変更したいチャンネルを表示した状態で、サイドバーのベルアイコン(Notifications)をクリックして通知メニューを開き、[Setting for #チャンネル名]を選びます。

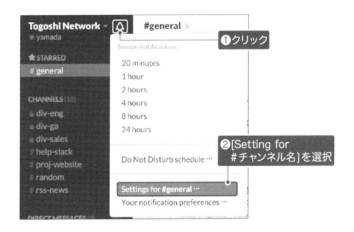

2 設定画面が開きます。

デスクトップ通知とモバイルプッシュ通知は19-1(P.147)で設定した内容が有効になっています。

「@everyone notifications」のチェックボックスをONにすると、モバイルプッシュ通知で@everyone(メンバー全員)と@here(今アクティブなメンバー)宛のメンションを通知しません。

「Mute this channel」(チャンネルをミュート)のチェックボックスをONにすると、未読のメッセージがあっても通知しません。メンションが送られると、チャンネル名に未読メンションの数は表示されますが、通知は行いません。

Section 19　通知を設定しよう

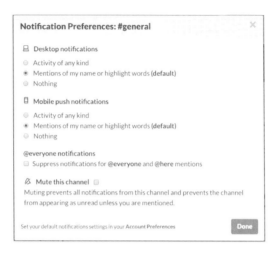

❖ メッセージエリア上部の歯車アイコン （Channel Settings)をクリックし、[Notification preferences…]を選んでも通知設定画面を開くことができます。

Point! チャンネルごとの設定状況を確認する

チャンネルごとの設定を変更すると、通知設定画面のチャンネルごとの設定欄 (P.147)に追加されます。この画面からもチャンネルごとに設定を変更できます。

また、[Add a custom setting for a channel]をクリックして、設定を変更したいチャンネルを追加することもできます。

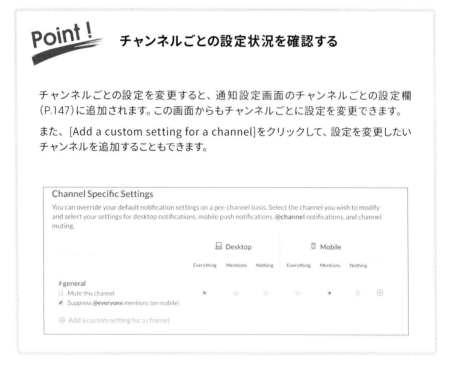

19-3 一定の時間通知を受けないように設定する(スヌーズ)

忙しくてSlackをチェックする暇がないときには、通知が届かないように、スヌーズ(Do Not Disturb)モードにしておくことができます。

1 サイドバーのベルアイコン(Notifications)をクリックし、スヌーズモードにする時間を選びます。

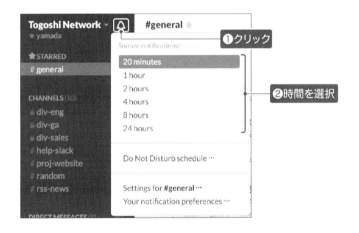

2 スヌーズモードに切り替わります。サイドバーのベルアイコンとアカウント名の右側のマークがスヌーズモードに変わります。ほかのメンバーの画面でもスヌーズモードであることがわかります。

再度ベルアイコンをクリックすると、スヌーズ解除までの残り時間が確認できます。

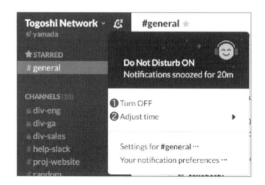

❶ Turn OFF：スヌーズを解除
❷ Adjust time：スヌーズ時間を再設定

19-4 通知を受け取らない時間帯を設定する（Do Not Disturb）

就業時間外や睡眠中など、あらかじめ通知を受け取らない時間帯を設定しておくことができます。

1 サイドバーのベルアイコン（Notifications）をクリックし、[Do Not Disturb schedule …]を選びます。

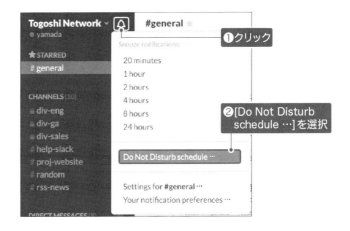

Section 19　通知を設定しよう

2 環境設定画面が開きます。「Do Not Disturb」欄のチェックボックスをONにして、通知を受け取らない時間帯を設定します。

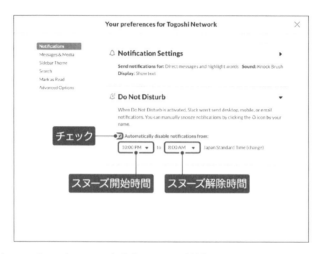

❖ 初期設定では、夜10時になると自動的にスヌーズ状態になり、朝8時に解除されます。
❖ 環境設定画面は、チームメニューの[Preferences]からも開くことができます（P.142）。

Section 20 チャンネルのまとめ情報を知ろう

参加しているチャンネルの情報をまとめて確認することができます。招待されたチャンネルのメンバーを確認したり、ピン留めや共有されたアイテムにすばやくアクセスしたりできます。

20-1　チャンネル詳細画面

1 画面上部のチャンネル詳細アイコン （Show Channel Details）をクリックすると、ペーンにチャンネル詳細画面が現れます。それぞれの項目をクリックすると詳細が確認できます。

155

● チャンネル詳細（Channel Details）

チャンネルの概要と作られた日、チャンネルを作ったメンバーがわかります。目的（Purpose）の編集（P.157）もできます。[Create by …]のリンクをクリックすると、チャンネルの冒頭の発言にジャンプします。

● ピン留めされたアイテム

ピン留めされているアイテムの数と一覧が表示されます（P.75）。

● 参加しているメンバー

チャンネルに参加しているメンバーの一覧と状態（アクティブ ● 、スヌーズ ● 、アウェイ ○ ）がわかります。ユーザ名をクリックすると、プロフィールやファイルの閲覧、DM、コール、ほかのチャンネルへの招待ができます。

● 共有されたファイル

チャンネル内で共有されたファイルの一覧が表示されます。

アクションアイコン … （File actions）をクリックするとファイルへの操作ができます（P.60）。

● 通知設定

表示しているチャンネルの通知設定の状態が確認できます。[Edit notification preferences] をクリックするとチャンネルごとの通知設定画面（P.149）が開きます。

20-2 チャンネルの目的を入力する

チャンネルには、「目的」(Purpose)を記載できます。「目的」は、チャンネルの冒頭のほか、チャンネルの一覧(P.52)やチャンネル詳細画面(P.155)に表示されます。

「目的」は、特に、参加するチャンネルを探しているメンバーに示したい情報を記述します。

1 画面上部のチャンネル詳細アイコン（Show Channel Details）をクリックすると、ペーンにチャンネル詳細画面が現れます。

2 チャンネル詳細（Channel Details）の「Purpose」欄にカーソルを当てると[edit]のリンクが現れるのでクリックします。

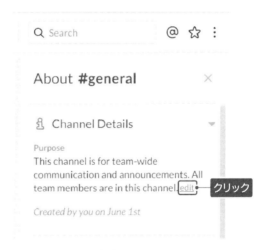

❖ 「Purpose」欄になにも入力されていない場合は、[Set a channel purpose]のリンクをクリックします。

3 チャンネルの目的を入力して[Done]をクリックします。

4 「Purpose」の内容が書き換わります。

✜ チャンネルの目的は以下のいずれかの方法でも変更できます。
  (a) チャンネルの冒頭の「Purpose」欄で(edit)または[Set a purpose](目的が記載されていない場合)をクリックする。
  (b) チャンネル設定の追加オプション([Additional options…])で[Edit the channel purpose]をクリックする(P.161)。

20-3 チャンネルの「トピック」を入力する

チャンネルに「トピック」(Topic)を記載できます。トピックはチャンネルのいちばん上に常に表示されています。

「トピック」は、特に、参加中のメンバーに示したい情報を記述します。

1 画面上部のチャンネル名とメンバー数の右側にある「トピック」欄をクリックします。

❖ トピックが未入力の場合は[Add a topic]のリンクをクリックします。

2 チャンネルに参加している人向けのトピックを入力して[Enter]キーを押します。

3 新しいトピックが表示されました。

❖ メッセージボックスに「/topic [新しいトピックの内容]」と入力して、トピックを変更することもできます。

Section 21 チャンネルを管理しよう（よく使う操作）

チャンネルを作ったあとで、チャンネルの設定を変更することができます。

21-1 チャンネル設定

1 メッセージエリア上部の歯車アイコン ⚙ （Channel Settings）を クリックし、[Additional options…]（追加オプション）を選びます。

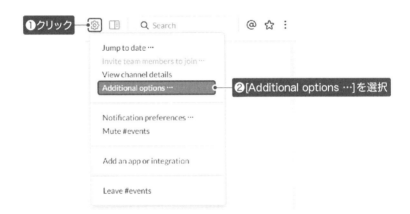

Jump to date	指定した日付の発言に移動
Invite team members to join	メンバーを招待（P.49）
View channel details	チャンネル詳細を表示（P.155）
Additional Options	追加オプション
Notification preferences	チャンネルごとの通知設定（P.149）
Mute #チャンネル名	チャンネルの通知をミュート（P.149）
Add an app or integration	外部連携機能を追加（P.107）
Leave #チャンネル名	チャンネルから脱退（P.55）

2 チャンネルの追加オプションのパネルが開きます。

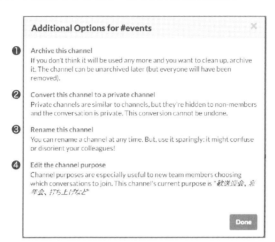

❶ Archive this channel
　チャンネルをアーカイブする(P.165)

❷ Convert this channel to a private channel
　チャンネルをプライベートチャンネルに切り替える(P.163)
　※パブリックチャンネルのみ

❸ Rename this channel
　チャンネル名を変更する(P.162)

❹ Edit the channel purpose
　チャンネルの目的を編集する(P.157)

Section 21　チャンネルを管理しよう（よく使う設定）

21-2　チャンネルの名前を変更する

✥ チャンネル名の変更は管理者だけが操作できます。

1 メッセージエリア上部の歯車アイコン ⚙（Channel Settings）を
クリックし、[Additional options…]（追加オプション）を選びます。

2 チャンネルの追加オプションのパネルが開くので、
[Rename this Channel]（チャンネル名の変更）をクリックします。

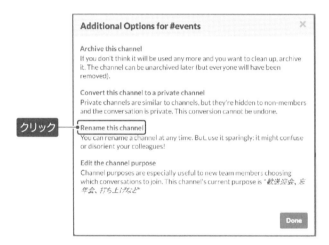

3 新しいチャンネル名を入力して[Rename Channel]をクリックすると、
チャンネル名が書き換わります。

✥ チャンネル名はすべて小文字です。スペースは使えません。

162

21-3　プライベートチャンネルに移行する

パブリックチャンネルを途中からプライベートチャンネルに移行することができます。

❖ プライベートチャンネルへの移行は管理者だけが操作できます。

> 一度パブリックチャンネルからプライベートチャンネルに変更すると、パブリックチャンネルに戻すことはできません。

1 メッセージエリア上部の歯車アイコン ⚙ (Channel Settings)をクリックし、[Additional options…](追加オプション)を選びます。

2 [Convert this channel to a private channel](このチャンネルをプライベートチャンネルに切り替える)をクリックします。

Section 21 チャンネルを管理しよう（よく使う設定）

3 画面内の以下の二つの注意事項を確認し、[Yes, convert this channel]をクリックすると、プライベートチャンネルに切り替わります。

- プライベートチャンネルは元のパブリックチャンネルに戻せません。
- プライベートチャンネルに切り替える前に共有したアイテムはパブリックのままで、チームに参加していないメンバーも引き続きアクセスできます。

Section 22 チャンネルを管理しよう（しばらく使ってからの操作）

Slackをしばらく使っていると、チャンネルや発言がどんどん増えていくでしょう。

目的を達成したチャンネルを閉鎖したり、不要な発言を削除したりして、チャンネルを整理することができます。

22-1　チャンネルをアーカイブする

使われなくなったチャンネルをアーカイブとして残しておくことができます。

チャンネルをアーカイブ化すると、以後の発言はできなくなりますが、過去のメッセージを閲覧したり検索したりすることはできます。

1 メッセージエリア上部の歯車アイコン ⚙ (Channel Settings)をクリックし、[Additional options…]（追加オプション）を選びます。

2 [Archive this channel]（チャンネルをアーカイブする）をクリックします。

165

Section 22 チャンネルを管理しよう（しばらく使ってからの設定）

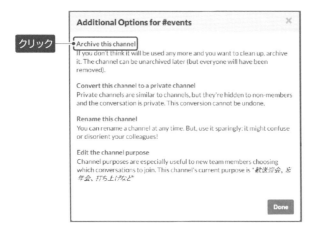

3 画面内の以下の注意事項を確認し、[Yes, archive the channel]をクリックすると、チャンネルがアーカイブされます。

- そのチャンネルにメッセージを発言できなくなります。
- チャンネルは閉鎖され、すべてのメンバーの登録が削除されます。
- アーカイブされたチャンネル一覧の画面で過去の会話を閲覧できます。
- アーカイブされたチャンネルも検索対象に含まれます。
- いったんアーカイブしたチャンネルは、いつでも元に戻せます。

✣ アーカイブされるとメッセージボックスが消えるので、発言ができなくなります。[Close Channel]をクリックすると、サイドバーのリストからも削除されます。

アーカイブされたチャンネルを元に戻す

アーカイブされたチャンネルは、「Message Archives」の画面で、閲覧したり元に戻したりできます。

「Message Archives」の画面は以下の手順で開きます。

1. サイドバーの[CHANNELS]をクリック。
2. チャンネル一覧画面の上部の[View archived channels…]をクリック。

✧ ホーム画面のメニューから[Message Archive]を開き、[Archived Channels]をクリックしても開くことができます。

[unarchive]のリンクをクリックすると、チャンネルが元に戻ります。ただし、チャンネルに参加しているメンバーは誰もいない状態ですので、必要に応じて招待してください。

アーカイブされたチャンネル一覧のチャンネル名をクリックすると過去のメッセージが読めます。

22-2　メッセージをまとめて削除する

管理者は、チャンネル内のメッセージをまとめて削除できます。

1 ホーム画面(https://my.slack.com/home/)のメニューを開き[Message Archives]をクリックします。

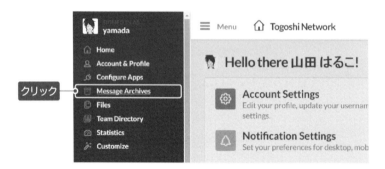

2 メッセージを削除するチャンネルのリンクをクリックします。

3 画面右下の[Delete messages…]のリンクをクリックします。

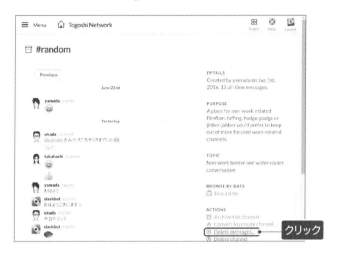

4 削除したいメッセージをチェックして、[Delete]をクリックします。

[All]のリンクをクリックすると、画面に表示されているメッセージをすべて選択します。[None]をクリックすると選択を取り消します。

Section 22　チャンネルを管理しよう（しばらく使ってからの設定）

5 削除するメッセージを確認するパネルが現れるので、
[Yes, delete this message]をクリックします。

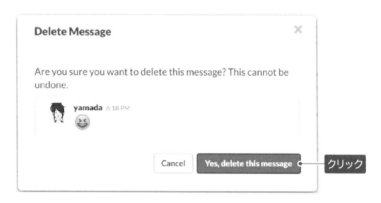

6 メッセージの削除が完了したら[OK]をクリックします。

❖ アーカイブされたチャンネル（P.165）の会話も同様に削除できます。DMは自分の発言とslackbotの発言のみ削除できます。「Direct Messages」の画面で会話したメンバーを選びます。

170

22-3　チャンネルを削除する

管理者は、不要になったチャンネルを削除することができます。

> 削除したチャンネルは復旧できません。特別な理由がなければ、使わなくなったチャンネルはアーカイブ（P.165）として残しておくことをお勧めします。

1 22-2の **1** 〜 **2** の手順で、削除するチャンネルを選びます。

2 [Delete channel]のリンクをクリックします。

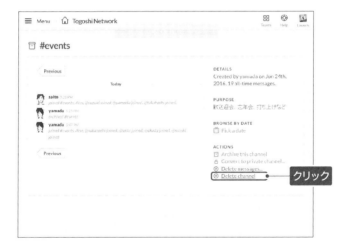

Section 22 チャンネルを管理しよう（しばらく使ってからの設定）

3 チャンネルを削除するか確認するパネルが現れるので、「Yes, I am absolutely sure」（はい、削除します）をチェックして、[Delete it]をクリックします。

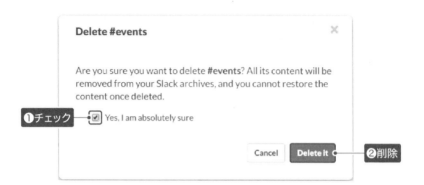

4 チャンネルが削除され、チャンネル一覧の画面に戻ります。

Section 23 複数のチームに参加しよう

管理者として複数のチームを運営している場合や、参加者としてほかのチームに招待された場合、複数のチームにサインインして利用することができます。

✥ 別のチームにサインインする場合、現在のチームからサインアウトする必要はありません。

23-1　別のチームにサインインする

1 サイドバーのチーム名をクリックしてチームメニューを開き、[Sign in to another team …]を選びます。

✥ Slackにサインインした状態で、https://my.slack.com/home/ にアクセスし、Teamsアイコンをクリックして、[Sign in to another team …]を選ぶこともできます。

Section 23　複数のチームに参加しよう

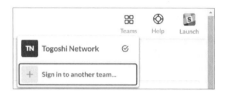

2 新たにサインインするチームのドメインを入力して[Continue]を
クリックします。

3 サインインするチームにアカウント登録されているメールアドレスと
パスワードを入力し、[Sign in]をクリックすると、サインインした
チームのメッセージ画面が表示されます。

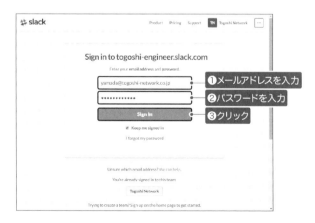

23-2 チームを切り替える

サインインした状態の複数のチームを、一つのウィンドウの中で表示を切り替えて利用できます。

1 サイドバーのチーム名をクリックしてチームメニューを開き、[Switch to（別のチーム名）]を選ぶと、もう一つのチームのメッセージ画面に切り替わります。

- Slackにサインインした状態で、https://my.slack.com/home/ にアクセスし、Teamsアイコンをクリックすると、別のチームのホーム画面を表示します。

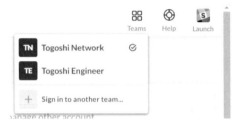

- ウェブブラウザから複数のチームにサインインしている場合、チームを切り替えると、今まで表示していたチームの状態はアウェイ ○ になります。それぞれのチームのメッセージ画面を異なるタブやウィンドウで表示しておくと、どちらのチームもアクティブ ● の状態で平行して利用することができます。

Chapter 5
管理者編
Slackを管理する

Slackの管理者は、チームやそこに所属するメンバーに関するさまざまな設定が可能です。この章では、管理者が設定できる項目を説明します。Slackが効率よく運用されるよう適切な設定を心がけてください。

Section 24　アカウント種別とその権限を理解しよう　178
Section 25　チームを設定しよう　180
Section 26　メンバーの操作を制限しよう　186
Section 27　メンバーを管理しよう　193
Section 28　そのほかの管理をしよう　196

Section 24 アカウント種別とその権限を理解しよう

Slackには、チームを適切に管理するために三つのアカウント種別が用意されています。各ユーザに適切な権限を与えて、チームをうまく運営できるようにしてください。

24-1　オーナー、アドミン、メンバー

Slackには、以下の三つのアカウント種別があります。

① オーナー（Owner）
　オーナーは、チームに関するあらゆる操作と閲覧ができます。一つのチームに複数のオーナーを設けることができます。唯一存在するのがチームを最初に作成した「プライマリオーナー（Primary Owner）」です。チームを削除できるのはプライマリオーナーだけです。

② アドミン（Admin）
　アドミンは、メンバーやチャンネルの管理ができます。大きな組織では、部門の長にあたる人やITスキルがあるリーダー格の何人かにアドミンになってもらうとよいでしょう。

③ メンバー（Member）
　Slackの一般ユーザです。新メンバーとしてチームに加入すると、このアカウント種別になっています。

本書では、オーナーまたはアドミンのユーザを「管理者」と総称しています。

✣ アカウント種別を変更する操作は、P.193を参照してください。

> ❗ プライマリオーナーはSlackチーム管理に関する最高の権限を持っています。組織の中で適切な役割（役職）を持つ人に設定されているかを確認してください。特に、試験運用でのプライマリオーナーが本格運用に移行後も同じ人でよいかを確認してください。必要であれば、適切な人に権限委譲を行ってください（P.194）。

24-2　各アカウント種別の権限

各アカウント種別が実行可能な操作は以下のとおりです。プライマリオーナーはすべての操作が可能です。オーナー→アドミン→メンバーとなっていくにつれ、可能な操作が少なくなっていきます。

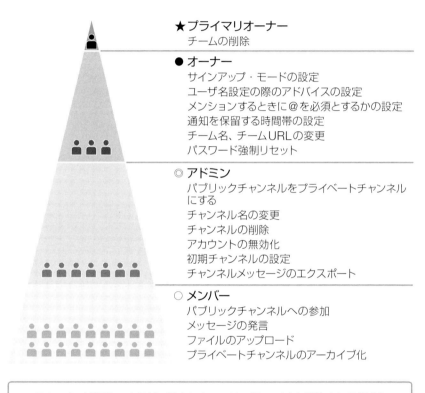

★ プライマリオーナー
　チームの削除

● オーナー
　サインアップ・モードの設定
　ユーザ名設定の際のアドバイスの設定
　メンションするときに＠を必須とするかの設定
　通知を保留する時間帯の設定
　チーム名、チームURLの変更
　パスワード強制リセット

◎ アドミン
　パブリックチャンネルをプライベートチャンネルにする
　チャンネル名の変更
　チャンネルの削除
　アカウントの無効化
　初期チャンネルの設定
　チャンネルメッセージのエクスポート

○ メンバー
　パブリックチャンネルへの参加
　メッセージの発言
　ファイルのアップロード
　プライベートチャンネルのアーカイブ化

［メンバーが操作できるが、設定によってはアドミン以上が許される操作］
- 自分のメッセージの編集・削除
- チャンネルの作成
- チャンネルのアーカイブ化
- プライベートチャンネルの作成
- チームメンバーへの招待
- パブリックチャンネルからメンバーを脱退させる
- プライベートチャンネルからメンバーを脱退させる

✧ 詳細は、ヘルプで「Roles and permissions」を検索してください。

チームを設定しよう

管理者がチームを管理するための設定項目を説明します。

本セクションで説明する設定画面は、サイドバーから[チーム名]→[Team Setting]→[Setting]を選ぶと現れます。
メッセージ画面に戻るには、右上のランチャーアイコン を選びます。

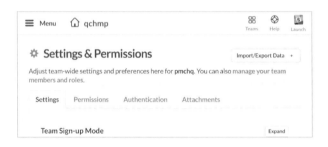

25-1 サインアップ・モード
（Team Sign-up Mode） [Settings]

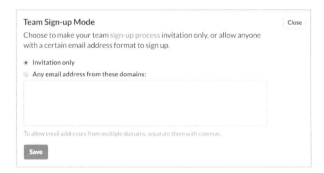

チームに新しくメンバーを追加するには、標準では、その対象者に招待メールを送ります（P.28）。この方法に加えて、指定したメールアドレスドメインを持つ人なら、誰でもメンバーになれる設定ができます。[Any email address from these domains] をONにし、メールアドレスのドメインを指定してください。複数ある場合はコンマで区切ります。

たとえば、「blue-comapny.jp, green-company.jp」と指定すると、〜 @blue-comapny.jp、または〜 @green-company.jpのメールアドレスを持つ人であれば誰でもメンバーになれます。メンバーになってほしい人には、https://*xxxx*.slack.com/signup/ からサインアップしてもらうよう（アカウントを登録するよう）依頼してください。

❖ Slackのヘルプによれば、多くの人を招待したにもかかわらず、そのうちわずかの人しかメンバーになっていないと、追加で招待メールを送れない場合があるとのことです。そうした場合は、サインアップモードでメンバーを追加する方法が考えられます。詳細はヘルプで「Invitation Limits」を検索してください。

25-2 新メンバーが最初から参加する初期チャンネル（Default Channels）

[Settings]

チームへの新メンバーが最初から自動的に参加状態になるチャンネルを指定します。標準では、#randomが設定されています。必要に応じて、ほかのチャンネルを追加したり、#randomを削除したりしてください。

❖ #generalへの自動参加は、変更することはできません。

Section 25　チームを設定しよう

25-3　ユーザ名設定の際のアドバイス
(Username Guidelines) [Settings]

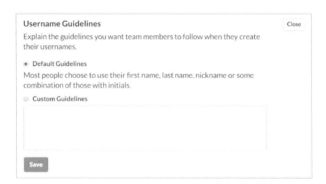

ユーザがサインアップの操作をする過程で、ユーザ名を設定する画面が現れます（P.32）。その際にユーザに表示する文章を設定できます。標準では、「Most people choose to use their first name, last name, nickname or some combination of those with initials.」という英語が表示されます。運用ルール（P.208）に従って、ユーザ名として何を設定すればよいかを説明する文章を記入してください。

❖ ユーザ名は、サインアップ終了後でも変更できます（P.138）。

25-4　メンバー名の表示方法
(Name Display) [Settings]

Slackのあらゆる画面で、標準では、発言者の
ユーザ名が表示されます。これを、メンバーの氏名
（First Name、Last Name）を表示するように変更
したい場合は、[Display first and last names]
を選んでください。

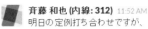

25-5 メンションするときに@を必須化
(Require @ for mentions) [Settings]

たとえば、斉藤さんにメンションするときは、メッセージ内に@saitoを含めます
（P.72）。標準の設定では、@（アットマーク）無しで単にsaitoだけでもメンションに
なります。

チーム内のすべてのメッセージにおいてメンションには@を付けることを必須とした
い場合は、[Require @ for mentions]のチェックマークを入れてください。

❖ 各メンバーは、ハイライトワードを設定してメッセージ内の特定の語をハイライトさせるこ
とができます（P.148）。このハイライトワード設定の中に、saitoのように自分のユーザ名を
記入すると、管理者が本設定をONにしたとしても、そのメンバーへのメンションには@が
不要になります。

183

25-6 通知を受け取らない時間帯の設定
（Do Not Disturb） [Settings]

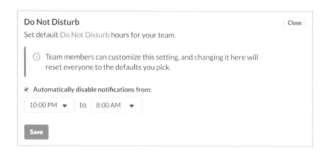

チームの全メンバーについて通知を受け取らない時間帯を設定できます。標準では、夜10時から朝8時までは通知は送られません。受け取らない時間帯をまったく設定しない、あるいはほかの時間帯を設定したい場合は、この設定を変更してください。

- メンバーは、ここでの設定を無視して、自分だけの時間帯を設定できます（P.153）。
- 管理者がここから設定すると、各メンバーがそれまで自分用に設定した時間帯が、すべてこの値に強制的に設定し直されます。

25-7 チームアイコン（Team Icon） [Settings]

チームを示すアイコンを設定します。PNGまたはJPEG形式の画像ファイルを用意してください。

Slackではチームアイコンのデザインとして以下を推奨しています。

- 背景は無地色（単色）にする。
- 前景にはグラフィカルなロゴや画像を使う（文字ではなく）。
- アイコンの周りに少し余白を持たせる。
- 132×132ピクセル以上の大きさとする。

- チームアイコンを設定すると、特に複数のチームに所属しているユーザは、チームを見分けやすくなります。

25-8 チーム名、チームURLの変更
(Team Name & URL)

[Settings]

Team Name & URL

Your team name is **qchmp** and your URL is
https://qchmp.slack.com.

Change Team Name & URL

★ Change Team Name

Team Name

Your team name is displayed in menus
and headings. It will usually be (or
include) the name of your company.

qchmp

Team URL

You can change your team's URL (web
address), but out of courtesy to your
teammates and other Slack users, please
don't do this often :)

qchmp

.slack.com

Your team URL can only contain lowercase letters,
numbers and dashes (and must start with a letter or
number).

Note: If you change your team's URL, Slack will
automatically redirect from the old to the new
address. However, you should still make sure your
teammates know about the change because the old
name will be placed back into the pool and could be
used by some other team in the future.

Save Changes

チーム名、およびチームURL(サブドメイン)を変更することができます。

チームURLの変更は、チームアクセスのためのURLが変更されることを意味します。
変更した場合は、チームメンバーに新URLを連絡してください。

> ❗ チームURLを変更したあとで旧URLをアクセスすると、しばらくの期間は、新URL
> にリダイレクト(自動ジャンプ)されます。しかし、やがてリダイレクトされなくなりま
> すので、注意してください。

> ❗ メッセージを参照するリンクを生成して(P.84)それをほかのメッセージで利用している
> 場合、チームURLを変更すると、リンク切れを起こすことになります。本当にチーム
> URLの変更の必要があるかを十分に慎重に検討してください。

185

Section 26 メンバーの操作を制限しよう

管理者は、チームメンバーが可能な操作を一部制限することができます。
本セクションで説明する設定画面は、サイドバーから[チーム名]→[Team Setting]→[Permissions]を選ぶと現れます。メッセージ画面に戻るには、右上のランチャーアイコン ⓢ を選びます。

✥ チーム運営にあたって参考となる具体的な設定例は、Section30(P.210)を参照してください。

26-1　メッセージの制限（Messaging）　　[Permissions]

@everyone、@channel、@here(P.72)のメンションに関する設定と、#generalチャンネルに発言できるユーザの設定を行います。

❶ @channelと@hereを使えるユーザ(People can use @channel and @here)
❷ @chanelと@everyoneを使うときの警告表示(Show a warning when using @channel or @everyone)
❸ #generalチャンネルに発言できるユーザ(who can post to #general)
❹ @everyoneを使えるユーザ(People can use @everyone)

①③④は、いずれの項目も「全メンバー」に設定されています。「全メンバー」「オーナーとアドミン」「オーナーのみ」から選べます。

✜ guest accountsは、有料プランで利用可能です。無料プランでは無視してください。

②は、「使うたびに毎回」警告を表示する設定になっています。そのほか「1日の最初の1回だけ」「初めて使うときの1回のみ」「警告しない」から選べます。

26-2 チームメンバーへの招待 (Invitations)

[Permissions]

標準では、誰もがほかの人をチームへ招待してメンバーにすることができます。管理者だけが招待できるようにするには、[Allow everyone (except guests) to invite new members.] のチェックマークを外してください。

! Slackを組織で運用する場合は、管理者だけが招待できるようにこの設定を変更しましょう。

26-3 チャンネル操作
(Channel Management) [Permissions]

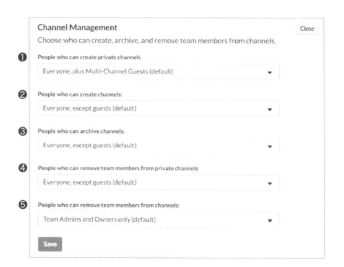

チャンネル操作に関する設定を行います。

❶ プライベートチャンネルを作成できるユーザ
（People who can create private channels）
❷ チャンネルを作成できるユーザ（People who can create channels）
❸ チャンネルをアーカイブできるユーザ（People who can archive channels）
❹ プライベートチャンネルからメンバーを脱退させることができるユーザ
（People who can remove team members from private channels）
❺ チャンネルからメンバーを脱退させることができるユーザ
（People who can remove team members from channels）

標準では、項目⑤は「管理者（オーナーとアドミン）」、それ以外の項目は「全メンバー」に設定されています。いずれの項目も、「全メンバー」「管理者（オーナーとアドミン）」「オーナー管理者のみ」から選べます。

✣ guestとMulti-Channel Guestsは、いずれも有料プランで利用可能です。無料プランでは無視してください。

26-4 メッセージの修正・削除
(Message Editing & Deletion)　　　[Permissions]

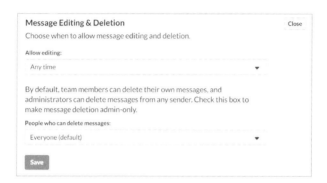

○ **メッセージの修正**

標準では、自分が発言したメッセージはいつでも修正できる設定になっています（P.62）。これを、「修正をいっさい許さない」、および「発言後『1分以内』～『1週間以内』なら修正できる」から選んで変更できます。

○ **メッセージの削除**

標準では、自分が発言したメッセージは、いつでも削除できる設定になっています（P.64）。この設定を、管理者だけが削除できるようにしたい場合は、[Team Owners and Admin Only] を選んでください。

26-5　統計情報 (Stats)　　　　　　　　　　　　　　　[Permissions]

標準では、誰もがチーム全体の統計情報を閲覧できます（P.137、P.213）。管理者だけが閲覧できるようにするには、[Team Owners and Admin Only]を選んでください。

26-6　カスタマイズ　　　　　　　　　　　　　　　[Permissions]
　　　（Custom Emoji & Loading Messages）

標準では、誰もが絵文字を自作できます（P.58）。また、誰もが再読み込み時のメッセージを設定できます（P.134）。管理者だけがこれらの操作をできるようにするには、[Team Owners and Admin Only]を選んでください。

26-7 Slackbotとの対話
(Slackbot Responses) [Permissions]

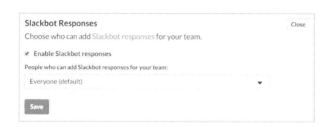

標準では、誰もがSlackbotとの対話（P.132）を設定できます。Slackbotとの対話をできなくする、また管理者だけが対話を設定できるようにするには、設定を変更してください。

26-8 外部とのファイル共有
(Public File Sharing) [Permissions]

標準では、チームにアップロードされたファイルは、誰がアップロードしたファイルであっても誰もがそのファイルのパブリックリンクを作成することができます（P.88）。パブリックリンクの作成を禁止するには、[Enable public file URL creation] のチェックマークを外してください。

26-9 アプリ連携
（Apps & Custom Integrations）　　　　　[Permissions]

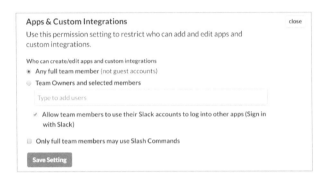

標準では、全メンバーがアプリ連携を設定できます。これを、オーナー管理者と指定したユーザに限定することができます。[Team Owners and selected members]を選んで、追加するユーザを入力してください。連携するアプリのログインのためにSlackのアカウント情報を使わせたくない場合は、[Allow team members to use their Slack accounts to log into other apps (Sign in with Slack)] のチェックマークを外してください。

❖ 無料プランの場合、連携できるアプリの数に制限があります。必要に応じて連携できるユーザを限定してください。

メンバーを管理しよう

管理者は、チームメンバーを管理することができます。

本セクションで説明する設定画面は、サイドバーから[チーム名]→[Manage team members]を選ぶと現れます。メッセージ画面に戻るには、右上のランチャーアイコン ⬛ を選びます。

27-1 メンバー画面 [Full members]

全メンバーの「プロフィール写真(アイコン)」「氏名(First Name、Last Name)」「ユーザ名」「メールアドレス」「アカウント種別」を確認できます。

行のどこかをクリックすると欄が広がり、以下の操作が可能になります。

- アドミン管理者(P.178)への昇格(Make an Admin)
- オーナー管理者(P.178)への昇格(Make an Owner)
- アカウントの無効化(P.194)(Disable Account)

アカウント種別を変更(昇格、降格)できるのは以下の管理者です。

操作者	操作対象	可能な操作の内容
プライマリオーナー	オーナー	アドミン、メンバーへの降格
	アドミン	オーナーへの昇格、メンバーへの降格
	メンバー	オーナー、アドミンへの昇格
オーナー	アドミン	オーナーへの昇格、メンバーへの降格
	メンバー	オーナー、アドミンへの昇格
アドミン	メンバー	アドミンへの昇格

> **!** たとえば、あるアドミンがあるメンバーをアドミンに昇格させたとします。このとき、その人を元に戻す(メンバーに降格させる)には、オーナーまたはプライマリオーナーに降格する操作を依頼する必要があります。同じ管理者が一人のユーザに対する昇格と降格の両方ができない場合があるので注意してください。

❖ プライマリオーナーは、その権限をほかのメンバーに委譲できます。https://my.slack.com/admin/transfer/ にアクセスしてください。

❖ Convert to Guestは、無料プランでは使えません。

27-2 アカウントを無効化する [Full members]

メンバーが組織を離れるなどして、Slackを今後使わなくなった場合は、管理者がそのメンバーのアカウントを無効化(Disable)してください。「Disable Account」を選ぶと、ただちに無効化され、そのアカウントへのサインインができなくなります。

無効化されたアカウントが過去に発言したメッセージ、ファイルはそのまま残ります。ほかのメンバーに影響を及ぼすことはありません。無効化されたメンバーのユーザ名は、メンバー一覧やサイドバー内のダイレクトメッセージの宛先一覧からは消えます。

❖ 無効化されたメンバーとの間のダイレクトメッセージの記録は、https://my.slack.com/direct-messages/から閲覧できます。

○ アカウントの復活

管理者は、無効化されたアカウントを復活させることができます。Manage team membersの画面で、右上の[Disabled]を選んでください。無効化されたアカウントの一覧から、復活したいアカウントを選び[Enable Account]をクリックします。

復活されたアカウントは、再度以前のメールアドレスとパスワードでサインインすれば、そのまま利用を再開できます。

> アカウントのユーザ名変更（P.140）やメールアドレス変更（P.141）は、別の方法で可能です。この目的でアカウントの無効化はしないようにしてください。

- アカウントを削除するという操作はありません。無効化を行ってください。復活ができますので、会社から退職するといった場合だけでなく、なんらかの理由でしばらくの間いっさいSlackにアクセスしない、という場合にも利用できるでしょう。
- アカウントの無効化は、メンバー本人でもできてしまいます（P.141）。現在のところ、管理者だけがアカウント無効化操作を可能にすることはできません。

Section 28 そのほかの管理をしよう

28-1　パスワード強制リセット（Forced Password Reset） [Authentication]

操作：[チーム名] → [Team settings] → [Authentication]
URL：https://my.slack.com/admin/auth/

チームに所属する全メンバーのパスワードを一斉にリセットすることができます。これを実施すると、各メンバーに「パスワードがリセットされた」というメッセージが届きます。またメールにて、パスワードの再設定のためのリンクが届きます。このリンクからパスワードを再設定しない限り、どのメンバーもSlackにサインインできません。

さらに、利用中のSlackから全メンバーを強制的にサインアウトさせるオプションを選ぶことができます。[Sign everyone out of all apps]を選択してください。

❖ 特定のメンバーのパスワードだけを強制的にリセットする方法はありません。各メンバーは
アカウント設定からパスワードを再設定（P.140）できますので、必要なメンバーにその依頼
をしてください。

> ⚠ 誰かのパスワードが漏えいしたといった緊急的な事態に使う機能です。利用は十分慎
> 重に行ってください。

28-2 リンク展開しないドメイン
(Blacklisted Attachments)

[Attachments]

Settings　Permissions　Authentication　**Attachments**

Slack will automatically unfurl and attach previews for links posted into chat. Previews
are not available for all links, but where they are we will attach them.

Blacklisted Attachments

The following links and domains are blacklisted for your team. These links will not unfurl.

Link or Domain	Added By	On	Remove
All links under this domain subdirectory: www.t-engine4u.com/solution/	okada	Jun 16, 2016	⊗

操作：[チーム名] → [Team settings] → [Attachments]
URL：https://my.slack.com/admin/attachments/

メッセージの中にウェブサイトのURLが入っていると、その内容が数行分自動的に
メッセージ内に展開されます（P.83）。不要であれば、その展開を削除することがで
きます。その際、そのドメインのリンクを今後ずっと展開しないという指定ができます
（P.85）。

管理者は、この画面でチームメンバーが不展開に指定したすべてのURLの一覧を
確認できます（ブラックリストの一覧）。また「Remove」欄から個別にURLを削除
すると、再びリンクが展開されるようになります。

❖ 管理者が操作できるのは、展開しないと設定されたURLの一覧表示とURLの削除だけです。
管理者がこの一覧にURLを追加することはできません。この一覧への追加は、各メンバーが
メッセージの中で展開されたURLを展開しないと指定することによってのみ行われます。

197

28-3 チャンネルメッセージのエクスポート (Export)

操作：[チーム名] → [Team settings] → Menu (≡) → [Message Archives] → [Export Data]
URL：https://my.slack.com/services/export/

チームの中のすべてのパブリックチャンネルのメッセージを外部ファイルにエクスポートできます。

❖ プライベートチャンネルのメッセージとダイレクトメッセージはエクスポートできません。無料プランでは、オーナー管理者であってもそれらのメッセージは閲覧できません。

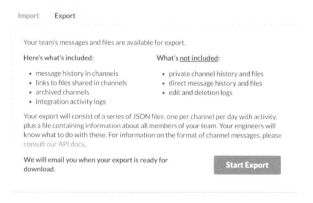

[Start Export]を選んでください。エクスポートの準備が終わるとメールが届き、画面にダウンロードのためのリンクが現れます。ここからファイルをダウンロードしてZIP形式を解凍してください。

チャンネルメッセージは、チャンネル・日付ごとに1つのテキストファイルに格納されています。ファイルは、JSON（JavaScript Object Notation）形式で記述されています。

❖ 文字はUnicodeエスケープシーケンスで表現されているので、日本語文字を読むためにはツールが必要になります。「Unicodeエスケープシーケンス変換ツール」で検索すると、ウェブ上で手軽に変換できるサイトがいくつか見つかります。

28-4 XMPP、IRCクライアントとの接続設定（Gateways）

Slackを外部のXMPP、IRCクライアントとやり取りできるようにするには、接続設定が必要です。以下の2段階の操作を行います。

① Gatewaysを有効化する
操作：[チーム名] → [Team settings] → [Permissions] → [Gateways]
URL： https://my.slack.com/admin/settings#gateways

利用するクライアントの種類（XMPP、またはIRC）を有効にします。

Section 28 そのほかの管理をしよう

② 設定値の取得

操作：[チーム名] → [Profile & account] → （ペーン内のプロフィール）
[Account Settings] → [Settings] → [Gateways]

URL：https://my.slack.com/account/settings#gateways

Gateways

You can connect to Slack using your existing IRC and XMPP clients. Here you'll find instructions on how you can do so. You can configure your team's Gateways in Admin Settings.

[Gateway configuration]を選ぶと、XMPPまたはIRCクライアントに設定が必要な値が表示されます。これらの値をクライアントに適切に設定してください。

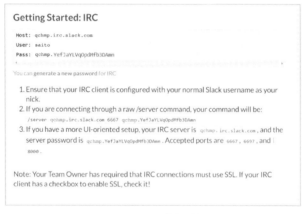

IRCクラインとの場合の例

> ❗ XMPP、IRCクライアントとの接続のための細かな注意事項が表示されますので、よく確認してください。

Chapter 6
運用編

組織での導入・運用のためのポイント

Slackを組織で効果的に活用するには、導入の際の事前準備が重要になります。

この章では、Slack導入にあたって事前に検討が必要な運用ルールや具体的な準備の内容を説明します。

Section 29　運用ルールを決めよう　　　202

Section 30　メンバーに許可する操作を決めよう　　　210

Section 31　スムーズな導入のために工夫しよう　　　214

Section 29 運用ルールを決めよう

Slackを組織内で導入する際には、運用ルールを定めて全員に告知しましょう。Slackの利用目的や組織文化などの観点から検討し、ルールを文書化してください。

運用を開始後も必要に応じてルールを随時改訂していき、円滑にコミュニケーションが進むよう心配りしてください。このセクションでは、どのような運用ルールが有効かをご紹介します。

29-1　チャンネルの作成ルール

チャンネルの作成は、Slackでのコミュニケーションの第一歩です。自由にコミュニケーションをはじめられるよう、最初はチャンネル作成に関するルールは最低限のものにするとよいでしょう。

チャンネルを作成するときは、パブリックかプライベートかを選びます（P.47）。パブリックチャンネルは、チームメンバー全員がその存在を知ることができ、閲覧と発言ができます。一方プライベートチャンネルは、特定のメンバー同士だけでメッセージをやり取りできるチャンネルです。ほかのメンバーはもちろんのこと、たとえ管理者であっても、その存在すら知ることができません。

❖ 管理者であれば、途中でパブリックからプライベートに変更（移行）することが可能です（P.163）。その逆のプライベートからパブリックへの変更（移行）はできません。

パブリックとプライベートの使い分けルールは、組織文化、運営形態、業務内容などによってさまざま考えられます。以下は、チャンネル作成のルールの一例です。自分の組織に合ったルールを検討してください。

（1）チャンネルの作成は自由。申請といった手続きは不要。
（2）扱うテーマの期間は短期でも長期でも自由。
（3）組織全体で共有したい情報や議論したテーマを扱うときはパブリック。
（4）個別プロジェクト（案件）や部署ごとのテーマを扱いたい場合はプライベート。

❖ このルール例は、プライベートチャンネルの利用が多く、比較的大きな組織向けです。小さ
な組織では、「原則すべてパブリックチャンネルで作成。必要になったら、途中でプライベー
トチャンネルに変更（移行）する（管理者に依頼）」というルールも考えられるでしょう。

29-2　チャンネルの命名ルール

チャンネルが増えても見分けが付きやすいようにチャンネルの命名ルールを決めてお
くとよいでしょう。具体的には、チャンネル名の先頭に付けるプレフィックス（接頭語）
に関するルールです。以下はその一例です。管理者が最初から用意するチャンネルに
ついては、P.214を参照してください。

（1）部署名：div-（例：プライベート）

　　例： #div-sales .... 営業部門

　　　　#div-eng .... 開発部門

　　　　#div-design .... デザイン部門

　　　　#div-ga .... 総務部門

　　　　#div-hr.......................... 人事部門

（2）各部署のサブテーマ：div-divname-（例：プライベート）

　　例： #div-sales-leads .... 案件引き合い

　　　　#div-sales-exhibit .... 展示会出展

（3）プロジェクト名（部署横断的な）：proj-（例：プライベート）

　　例： #proj-website .... ウェブサイト運営

　　　　#proj-cut-overtime .... 残業削減

（4）問い合わせ：help-（例：パブリック）

　　例： #help-slack .... Slackに関するQ&A

　　　　#help-lost-found .... 見当たらない備品の問い合わせ。落し物の発
　　　　　　　　　　　　　　　　　見報告。

203

（5）個人ブログ: blog-（例：パブリック）

　　例：#blog-*username*.............メンバー個人の独り言、つぶやきを記すチャン
　　　　　　　　　　　　　　　　ネル（作りたいメンバーが作る）

（6）業界ニュース: news-（例：パブリック）

　　例：#news-*something* ....関連ニュース（誰でも発言可）

（7）自動収集：rss-、twitter-（例：パブリック）

　　例：#rss-*somewebsite*..........情報を発信するページ*somewebsite*のRSS
　　　　　　　　　　　　　　　　フィード

　　　　#twitter-*someaccount*...Twitterアカウント*someaccount*のツイート
　　　　　　　　　　　　　　　　内容

（8）そのほか：プレフィックス無し（例：パブリック）

29-3　チャンネル運用に関するそのほかのルール

○ チャンネルの「目的」と「トピック」を記載

チャンネルには、「目的」（P.157）と「トピック」（P.159）を記載できます。「目的」は、チャンネルの一覧（P.52）やチャンネル詳細（P.155）で表示されます。トピックはチャンネルのいちばん上に常に表示されています（P.14）。

「目的」は、特に、参加するチャンネルを探しているメンバーに示したい情報を記述します。「トピック」は、特に、参加中のメンバーに示したい情報を記述します。チャンネルを作成する際には、最初にこれらをきちんと設定することをルール化するのがよいでしょう。

○ 担当者の明確化

特に業務に直結するチャンネルでは、担当者（責任者）を明確化するルールをお勧めします。無駄なチャンネルが増えるのを抑止する効果もあります。また、担当者は、必要に応じて参加者のモデレータ役を務めることとし、チャンネル内でのコミュニケーションが円滑に進むことを促進してください。

担当者を明確化する場合は、担当者のユーザ名をチャンネルのトピックの先頭に記載しておくといいでしょう。いつでも担当者を確認できるようになります。最初の担当者はチャンネル作成者ですが、途中で追加したり変更したりした場合は、トピックを更新するようにしましょう。

○ アーカイブ化

終了したプロジェクト（テーマ）のチャンネルはアーカイブしてください（P.165）。チャンネルの担当者が行うようルール化するのがよいでしょう。アーカイブすると参加者のサイドバーに表示されなくなりますので、負担が減ります。アーカイブしても検索対象になり閲覧も自由にできます。

○ 削除

見返す必要がないチャンネル（アーカイブチャンネルを含む）は、削除することができます（P.171）。管理者だけが操作可能です。

29-4　閲覧、発言に関するルール

○ チャンネルの閲覧

Slackはチャンネルという場でメッセージをやり取りしてコミュニケーションします。したがって必要な人がそのチャンネルをきちんと閲覧している必要があります。

そこで、まずSlackに設置されるチャンネルを、たとえば大きく以下のように分類してみます。

（1）組織内に向けたお知らせ、連絡（例：パブリック）

例：#general

（2）部署内やプロジェクト内での連絡用（例：プライベート）

例：#div-sales .... 営業部門のためのチャンネル

#proj-website .... ウェブサイト運営の関係者ためのチャンネル

（3）有志によるチャンネル（例：パブリック）

例：#lunch-spot .... ランチスポットの情報交換

（4）情報収集（例：パブリック）

例：#news-clip .... 関連するニュースの紹介（手動で発言）

#rss-*somesite* .... ウェブサイト*somesite*のRSSフィード（自動収集）

そのうえで導入する組織に合ったチャンネルの閲覧ルールを定めるのがよいでしょう。

以下はその一例です。

- 組織内の全メンバーにお知らせチャンネルの閲覧を義務化する。(1)
- 自分が所属する部署や自分が一員となっているプロジェクトの(プライベート)チャンネルの閲覧を義務化する。(2)
- そのほかのチャンネルの閲覧は任意。(3)(4)

そして、参加が義務付けられたチャンネルからは脱退しないものとします。一方、任意のチャンネルは参加も脱退もいつでも自由とします。

各チャンネルを誰が閲覧しているかが明確になれば、参加メンバーはこれを前提にチャンネルでコミュニケーションを取ることができます。

○ ダイレクトメッセージ(DM)の閲覧

ダイレクトメッセージ(P.66)は、送付先のメンバーを特定して送るメッセージです。メールと同じですので、自分宛のダイレクトメッセージは確実に読むことを義務化する必要があります。

○ チャンネルへの発言

プライベートチャンネルに流れる情報は、そこへの参加メンバーだけしか閲覧できません。チャンネルの運用方法によっては、部外秘の情報も含まれているかもしれません。プライベートチャンネルで知った情報を、ほかのチャンネルで発言するときには、その情報の発信者に確認を取るなどのルール化が必要があるかを検討してください。

✣ プライベートチャンネル内のメッセージのリンク(P.85)やメッセージの共有(P.90)は制限されています。上記は、メッセージのコピー＆ペーストによりほかのチャンネルに発言する場合を指しています。

急ぎの連絡はほかの手段と併用する

Slackは、メッセージを発言するとすぐにそれが相手に届きます。メールに比べて即時性があるため、つい相手もすぐに読んでくれていると錯覚することがあります。しかし、相手がすぐに気づいて読んでくれているとは限りません。たとえ通知に気づける環境にいたとしても、自分の作業に集中するために一時的に通知を受け取らない設定(P.151)にしているかもしれません。

メールと同じように、急ぎの連絡の場合は、Slackだけでなく、口頭や電話などほかの手段を併用するよう心がけてください。Slackを利用したコミュニケーションの即時性について、組織内で意識合わせをしておくとよいでしょう。

29-5 通知設定とデスクトップアプリの利用ルール

○ 必要な通知設定

各メンバーは、チャンネルに新メッセージがあったことの通知を受け取ることができます(P.145)。標準では、参加しているチャ

ンネルに何か発言があるたびに通知が届きます(Activity of any kind)。ほかに、自分にダイレクトメッセージが送られた、あるいは発言の中でメンションされた(P.72)場合のみ、通知が届くように設定もできます(Only Direct Message & Highlight Words)。まったく通知を受け取らない設定もできます(Nothing)。また、チャンネルごとに個別に設定することができます(P.149)。

必要なメンバー同士でタイムリーにメッセージをやり取りするには、適切な通知設定が必要です。管理者がメンバーの通知を強制的に設定することはできないので、通知設定のルール化、または推奨設定を定めることを検討してください。たとえば、最初は以下の設定で開始するよう推奨することが考えられます。

- 閲覧義務があるチャンネル：Activity of any kind
- そのほかのチャンネル：任意

閲覧義務があるチャンネルについて通知が多くなり負担になってきた場合、Only Direct Message & Highlight Wordsの設定にすることが考えられます(Slackではこの設定を推奨しています)。ただし、あくまでもタイムリーに新メッセージがあったことを認識しないというだけです。ある程度の時間内には新メッセージを閲覧する必要があります。また、チャンネルごとに「確実に読んでほしいメッセージにはメンションを含める」といった指針も有効です。

ほかに、一定時間通知を受け取らない機能(P.151)やミュート機能(P.149)があります。これらを乱用するメンバーがいると、そのメンバーとのコミュニケーションが停滞する可能性もあります。そうしたことにも留意すべきでしょう。

○ デスクトップアプリ利用の義務化

Slackから通知が届くとポップアップが数秒間現れますがその後は消えてしまいます。その間に画面に注目していなければ通知があったことに気づきません。また、Slackのウェブページを閉じてしまうと、通知はいっさい届きません。

Section 29　運用ルールを決めよう

こうしたことから、デスクトップアプリの利用（P.19）を強く推奨することを検討してください。Slackのウェブページを出している必要がないのはもちろんのこと、このデスクトップアプリを終了してしまったとしても、タスクバーに※マークのアイコンが常駐し、通知があるとそこにマークが出ます。

もし外出が多いメンバーであれば、モバイルアプリ（iOS、Android）の利用も促進するとよいでしょう。各プラットフォームでの標準的な方法でプッシュ通知を受け取ることができます。

29-6　プロフィールの設定ルール

ユーザのプロフィールの設定ルールを決めておきましょう。

○ ユーザ名 (Username)

ユーザ名は、個人を特定するためにあらゆる場面で使われるいちばん重要なユーザ情報です。Slackにサインアップするときに設定します（P.31）。あとから変更することもできます（P.140）。

ユーザ名は、勝手に付けるのではなく、組織内で個人を特定するのに普段見慣れている文字列を使うことを徹底しましょう。Slack内でのユーザの特定が容易になります。たとえば、メールアドレスsaito@somecompany.jpが見慣れているのであれば、@より手前のsaitoをユーザ名にします。

✤ ユーザ名を設定する場面で、設定のためのアドバイスを表示できます（P.182）。たとえば、以下のような文言が考えられます。

> Usernameにはメールアドレスの@より手前を入力してください。例：saito

208

○ 氏名 (First Name、Last Name)

氏名として、First Name と Last Name を設定できます。Slackにサインアップするときに設定できます(P.31)。また、いつでも変更できます(P.35)。

日本語を使うこともできますが、First Name：和也 Last Name：斉藤 とすると、表示は「和也　斉藤」となってしまいます。そこで、以下のようなバリエーションが考えられます。どれか一つに統一するのがよいでしょう。

First Name	Last Name
Kazuya	Saito
Kazuya	SAITO
斉藤 和也	
斉藤 和也	(営業部)

また、電話連絡のために内線番号を入れるといった工夫も考えられます。メッセージにある発言者のアイコンをクリックするとプロフィール画面が出てくるので、すぐに電話することができます。また、ユーザ名(例：saito)で検索するとLast Nameも含めたプロフィール情報が検索結果の先頭に出てくるので、内線番号表の代用になります。

First Name	Last Name
Kazuya	Saito(ext.312)
Kazuya	SAITO(ext.312)
斉藤 和也	(内線：312)
斉藤 和也	(営業部)(内線：312)

○ プロフィール写真(アイコン)

メンバーのプロフィール写真の設定(P.37)は、一見些細なことのように思えますが、発言者を一目で認識するのに役立ちます。何かを設定するよう推奨するのがよいでしょう。

Section 30 メンバーに許可する操作を決めよう

チーム管理者は、メンバーが可能な操作を設定できます。運用ルールに基づいたSlack利用が進むよう、適切に設定しましょう。

> 本セクションでは、チーム運営にあたって参考となる具体的な設定例を紹介しています。個々の設定項目については、Section 26（P.186）で解説しています。

30-1 チームへのメンバーの招待

標準では、誰もがほかの人をチームへ招待してメンバーにすることができます。しかし、組織でのSlackの運用では、チームの情報が組織以外の人に漏れてはいけないはずです。チームへの招待は管理者だけが可能なように制限することを強くお勧めします（P.187）。

30-2 チャンネル操作

（1）パブリックチャンネルを作成できるユーザ

標準では、誰もが、チャンネルを作成できます。特別な理由がなければ、この設定での運用をお勧めします。コミュニケーションを取りたいテーマが出てきたら、チャンネルを作成してすぐにコミュニケーションを開始できるのは、Slackの特長の一つだからです。

しかし、チャンネルの乱立を防ぐために、たとえば課長や部長といった一定の役職以上のメンバーだけがチャンネルを作成できるようにしたい場合もあるでしょう。そのときは、こうしたメンバーに管理者の権限を与え（P.193）、チャンネル作成は、管理者だけが可能な設定にしてください（P.188）。

(2) チャンネルをアーカイブできるユーザ

チャンネルで取り扱うテーマが終了したときは、そのチャンネルをアーカイブして整理できます（P.165）。この操作ができるユーザを設定できます。標準では、誰もがアーカイブできます。設定に迷ったら、（1）と同じ設定にしておくとよいでしょう。

(3) プライベートチャンネルを作成できるユーザ

プライベートチャンネルの作成を管理者だけに限定することもできます（P.188）。しかし、誰でも、ダイレクトメッセージ（DM）（P.66）を使えば、特

定ユーザとメッセージのやり取りが可能です。グループDM（P.68）を使えば、最大9人までといった制限はありますが、プライベートチャンネルと同じようなことが可能です。Slackではダイレクトメッセージの利用を制限することはできないので、結局、プライベートチャンネルの作成の制限はあまり意味がないと考えることもできます。この制限の必要性は、利用する組織の実情に合わせて検討するとよいでしょう。

(4) チャンネルからメンバーを脱退させることができるユーザ

○ パブリックチャンネルから脱退させる

パブリックチャンネルは、チームメンバーの誰もが閲覧できて、参加すれば発言もできます。参加後は、いつでも自分から抜けることができます（P.55）。また、本人以外が、参加メンバーをチャンネルから脱退させる（抜けさせる）こともできます（P.55）。この場合、脱退させられたメンバーには、誰にどのチャンネルを脱退させられたかの通知が届きます。

標準では、他人を脱退させられるのは管理者のみです。しかし、誰でも他人を脱退させられるように設定ができます（P.188）。

❖ この機能の用途として考えられるのは、チャンネルから脱退する（抜ける）方法がわからないユーザに代わって脱退させてあげる場合です。また、組織変更などの理由で、まとめてメンバーを入れ替える場合にも利用できます。本人の意思に反して脱退させる意味はほとんどありません。もともとパブリックチャンネルは、閲覧だけならいつでもできますし、発言のためにいつでも再参加することができるからです。

Section 30　メンバーに許可する操作を決めよう

○ プライベートチャンネルから脱退させる

標準では、プライベートチャンネルの参加者であれば、誰でも参加しているメンバーを脱退させることができます。しかし、管理者だけが他人を脱退させられるように設定ができます（P.188）。

❖ パブリックチャンネルと同様、この機能の用途は、脱退する方法がわからないユーザに代わって脱退させてあげる場合などです。ただし、パブリックチャンネルと違って、プライベートチャンネルから脱退させられると、再参加するには、再度招待される以外の方法はありません。脱退させられたメンバーは、誰にどのプライベートチャンネルを脱退させられたかの通知がいきます。他人を脱退させる場合には、十分に留意が必要です。

30-3　メッセージの修正、削除

○ メッセージの修正

標準では、自分が発言したメッセージは、いつでも修正できます（P.62）。これは、メールにはないSlackの大きなメリットの一つです。メッセージが修正された場合は、その修正時刻も知ることができますし（P.63）、特に理由がなければ、この設定のまま利用することをお勧めします。

もしメッセージの修正を制限したい場合は、修正可能な時間を、「発言後『1分以内』〜『1週間以内』なら修正できる」から選んで変更できます（P.189）。修正をいっさい許さないことも可能です。

❖ メッセージを修正できるのは発言した本人だけです。管理者であっても、自分以外のメッセージを修正することはできません。

○ メッセージの削除

標準では、自分が発言したメッセージは、いつでも削除できます。これも、メールにはないSlackの大きなメリットの一つです。特に理由がなければ、この設定のまま利用することをお勧めします。

もしメッセージの削除を制限したい場合は、管理者だけが削除できる設定にできます（P.189）。

❖ 管理者は、誰が発言したメッセージでもいつでも削除できます。ただし、無料プランでは、管理者であっても自分が本来読めないプライベートメッセージやダイレクトメッセージは閲覧できず、削除もできません。

30-4　ファイルのパブリックリンクの作成

標準では、チームにアップロードされたファイルは、誰がアップロードしたファイルであっても誰もがそのファイルのパブリックリンクを作成できます(P.88)。パブリックリンクにアクセスすれば、チームとまったく関係ない人でもファイルの内容を閲覧・ダウンロードできてしまいます。

しかし組織でのSlackの運用では、チームの情報が組織以外の人に漏れてはいけないはずです。パブリックリンクの作成を禁止することを強くお勧めします(P.191)。

30-5　統計情報の閲覧

標準では、誰もがチームの統計情報を閲覧できます(P.137)。無料プランの場合、表示される情報は、パブリック／プライベートチャンネルとダイレクトメッセージのそれぞれの総メッセージ数、およびアップロードされたファイル数とその容量程度です。有料プランの場合、さらに詳細な統計情報を閲覧できます。

管理者だけが統計情報を閲覧できるように設定することもできます(P.190)。

30-6　メンションに＠マークを必須とする

標準では、ユーザ名に＠マークを付けなくてもメンションになります。

しかし、たとえば「この件は先週saitoさんから報告がありました」と発言すると、メンションするつもりがなくても、斉藤さんはメンション通知を受けてしまいます。また、メッセージ中のURLの中に「saito」があると、斉藤さんのメッセージエリアの中でsaitoの文字がハイライトされてしまいます(メンション通知は受けません)。

こうしたことから、メンションには＠マークを必須にする設定(P.183)をお勧めします。

Section 31 スムーズな導入のために工夫しよう

Slackはコミュニケーションツールですから、組織内の全スタッフが利用してはじめてその価値が高まります。しかし、新しいツールの利用をおっくうに思ったり従来の慣れた方法にこだわったりするスタッフもいて、なかなか利用が進まないことも考えられます。そこで、Slackをスムーズに組織内に導入するための方法を紹介します。

31-1 導入マニュアルを用意する

Slack内で現れる表示は、今のところすべて英語です。とても平易な英語が使われているのですが、英語というだけでとっつきにくい印象を持たれてしまうかもしれません。そこで、簡単な導入マニュアルを用意することをお勧めします。

ただし、あまり分量が多いと「こんなにたくさん読まないといけないのか」と敬遠されてしまうかもしれません。最初は、本書で説明している以下の三つの項目を簡単に用意する程度がよいでしょう。

① 2-1 画面と役割（P.14）
② 6-1 招待メールから参加する（P.31）
③ 7-1 チャンネルとは（P.45）

31-2 チャンネルをあらかじめ用意する

○ #generalと#random

Slackでは、標準では、以下のチャンネルが用意されています。サインアップしたメンバーは、自動的にこの二つのチャンネルに参加している状態になっています。

#general . . . . .組織全体への告知、案内
#random . . . . .仕事以外の軽い話題

214

標準では、#generalに誰でも発言できますが、管理者だけが発言できるように変更できます（P.186）。また、管理者であれば#generalのチャンネル名を変更できます（P.162）。たとえば、管理者だけが発言できるようにしたうえで、チャンネル名を#announcementsなどと変更して、組織からの一方的な告知のためのチャンネルとして使うことが考えられます。

#randomが不要の場合は、削除することができます（P.171）。

これらのチャンネルの「トピック」と「目的」は、組織に合った適切なものに変更してください（P.204）。

❖ チームメンバー全員が、最初から参加するチームを設定できます（P.181）。初期値として#randomが設定されています。これ以外に#generalがシステム固定で設定されています。

◯ 連絡用、問い合わせ用のチャンネル

#help-slack . . . . .Slackに関するQA
#help-lost-found . . . . . . .見当たらない備品の問い合わせ。落し物の連絡など。

◯ 部署やプロジェクトのチャンネル

部署のチャンネルをあらかじめ作っておくことが考えられます。以下はその例です。

#div-sales . . . . .営業部門
#div-eng . . . . .開発部門

部署を横断して構成されるプロジェクトがある場合は、そのチャンネルをあらかじめ作っておくことが考えられます。

#proj-website . . . . .ウェブサイト運営
#proj-cut-overtime . . . . .残業削減

❖ これらのチャンネルをパブリックで作成するかプライベートで作成するかは、P.202を参照してください。

❖ プロジェクトチャンネルや部署チャンネルは、参加すべきメンバーがわかっているので、あらかじめ必要なメンバーを参加状態にしておきたくなります。しかし、Slackにサインアップする前に、そのユーザの参加を設定することはできません。もし必要であれば、サインアップによりメンバーとして登録されたのを確認してから、必要な招待をするようにしてください。

情報収集のチャンネル

参考となるニュースを見つけたら、誰でもそれを紹介できるチャンネルがあるとよいでしょう。

#news-clip . . . . .関連ニュース（誰でも発言可）

外部連携（P.107）の機能を使うと、ウェブサイトが発信するRSSフィードやTwitterアカウントの発言を取り込むといったこともできます。こうして、組織に関係する情報を発信するチャンネルを作ることが考えられます。

#rss-*somewebsite* . . . . . .情報サイト*somewebsite*のRSSフィード（P.123）
#twitter-*someaccount* . .Twitterアカウント *someaccount*のツイート内容（P.120）

チャンネルは、そこに参加しなければ発言があったことには気づきません。こうした情報収集のチャンネルがたくさんあっても、チームメンバーに情報を押し付けることにはなりませんので、いろいろと用意するとよいでしょう。

情報チャンネルは情報の提供のみとし、その情報に関する議論は、別チャンネルで行うというルールを設けるのもよいでしょう。

31-3 「招待」してチームメンバーになってもらう

組織のスタッフがSlackのチームメンバーになるには、①管理者がそのスタッフのメールアドレス宛に招待を送る方法（P.28）と②組織のメールアドレスドメインを持っているスタッフにサインアップ操作をしてもらう方法（P.180）の二つがあります。

招待メールを受け取るとサインアップしようという動機付けになります。それほど人数が多くなければ、①の方法をお勧めします。

31-4 既存のツールからの移行

すでに組織内にはいろいろなコミュニケーションツールが使われていると思います。
そこで、それらをどのようにSlackに移行していくかを考えてみましょう。

○ 社内告知

すでに社内告知をイントラネット上で行っているのであれば、Slackの一つのチャンネルを社内告知用にして容易に移行できます。

❖ ある程度まとまった情報の掲載にはポスト（P.99）やスニペット（P.86）を利用できます。ただし、現在のところいずれも表組みの機能はありませんので留意してください。

○ 掲示板

すでに組織内部のための掲示板があれば、それもそのままSlackに移行できるでしょう。普段から掲示板を使って組織スタッフ同士がコミュニケーションするという習慣があれば、Slackの活用もスムーズでしょう。

○ インスタントメッセンジャー

たとえば、Microsoft社のインスタントメッセンジャー（例：Skype for Business、Lync）などが企業内で導入されている場合があるでしょう。この場合も、Slackに統合することが考えられます。

○ SNS

組織内での正式な方法ではないものの、特定のスタッフ同士でFacebookやLINEなどで連絡を取り合っている場合もあるかもしれません。この場合も、正規の社内システムであるSlackに統一するのが望ましいです。

Section 31 スムーズな導入のために工夫しよう

○ メール

ほとんどの組織では、依然としてメールが最大のコミュニケーションツールでしょう。そこで、メールとSlackを比較してみます。

メール	Slack
宛先を毎回誤りなく指定する必要がある。	いったんチャンネルを作ってしまえば、宛先の指定は不要。
送信メール内容の修正ができない。送信メールの取り消しができない。	メッセージの修正ができる。取り消し（削除）もできる。
過去の経緯が見直せるように全員が全文引用してやり取りを進めると、メール文が煩雑になる。	基本、発言の引用は不要。過去の経緯はメッセージを前にたどれば追えるため。
途中から議論に入る人がメール文から過去のやり取りの経緯を追うのが大変。	途中でチャンネルに参加してもらえれば、過去のやり取りがすべて追える。
メール送信してから相手が受け取るまでに時間差がある。短時間内でやり取りするとメールが行き違いになり、混乱する。	発言したメッセージは一瞬でメンバーのところに表示される。時間順に表示されるので行き違いということが起きない。
社内メールであっても、マナーや習慣を守るのに負担を感じる。「1行目に送信相手の氏名＋役職を入れる」「自分の名前を名乗る」「最初に"お疲れさまです"の一言を入れる」「最後に"よろしくお願いします"の一言を入れる」など。	用件だけを簡潔に記せばよい。相手の名前も自分の名前も不要。特定の人を呼びかけたい場合は、メンション（P.72）だけでよい。
比較的長い文章でも送りやすい。	長いメッセージは多くの面積を占めるので閲覧性が悪くなる。ポスト（P.99）やスニペット（P.86）を使うなどしてメッセージの本体があまり長くならない工夫が必要。

こうしてみるとメールを使う意味はあまりないと言えます。すでに、グループメールアドレスやメーリングリストといった方法で同報メールを使っている場合は、そのまま無理なくチャンネルへ移行できます。外部からの連絡メールを受け取る必要がある人は、メールを完全に廃止することはできませんが、社内連絡に限ればすべてSlackに移行することを検討するとよいでしょう。

特に、限られたテーマについて小さなやり取りを頻繁に繰り返すようなケースでは、メールに比べてSlackの利便性が高いと感じられるでしょう。まずはこうしたケースで、部分的にメールからSlackに移行していくことが考えられます。

従来の各種のコミュニケーションツールをSlackに統合するメリットとして、「新着を知らせる通知が一箇所に集まる」「過去のコミュニケーション内容を対象とした全検索ができる」という点が挙げられます。組織の実情に合わせて、既存ツールを徐々にSlackに移行するのがよいでしょう。

column

少人数での試験運用からはじめる

組織へのSlackの導入を進める場合は、まずは、少人数での試験運用から始めるのがよいでしょう。普段から頻繁にコミュニケーションを取っている人同士で、1〜2日間、すべての連絡をSlackだけで行ってみます。これだけでSlackの特長を十分につかむことができます。

次に、一つの部署やプロジェクトの中だけで試験運用を開始してみます。あくまでも試験ですので利用を義務化する必要はありません。しかし、特にリーダー格になる人に率先して使ってもらうと利用が広まっていき、Slackのメリットを全員が感じやすくなるでしょう。たとえば社内行事の出欠をチャンネル内で返答することにして、Slackにサインアップして利用せざるを得ない状況を作るのも有効です。

このようにして運用のノウハウを得ながら、次第に利用の範囲を広げて、組織全体の正式なコミュニケーションツールとしていってください。

Section 31 スムーズな導入のために工夫しよう

c o l u m n

Slack API

Slackの特長の一つは、外部サービスとの連携を密接に行えることです。連携できるサービスのことをSlack Apps（アップス）と呼び、Section15で説明したGoogle CalendarやTwitterもその一つです。現在100近くのサービスと連携ができます（https://www.slack.com/apps/）。

連携させたいシステムがSlack Appsになかったり、独自のシステムと連携させたい場合には、自分でプログラムして連携させることができます。この実現のために、Slackには豊富なAPI（エーピーアイ: Application Programming Interface）が用意されています。

Slack APIは、以下のような機能を持っています。

Incoming Webhooks
外部システムからSlackにメッセージを発言（送信）する。

Outgoing Webhooks
特定チャンネル内でのメッセージ、または特定キーワードを含むメッセージがあったら、外部システムにそのメッセージ内容を送る。必要があればその返答を外部システムから受け取る。

Slash Commands
独自のスラッシュコマンド（P.131）を追加し、外部システムとやり取りする。

Bot Users
チャンネルへの参加者の一人となるボット（Botの語源はロボット）。プログラミングすることにより、チャンネル内の発言に反応してさまざまな振る舞いをさせることができる。

Web API
上記は特定の用途に特化したAPIだが、Web APIは、Slackの全機能を使うためのAPI。

Slack APIを利用するのはITエンジニアですので、本書では解説を行っていません。詳細については、https://api.slack.com/ をご覧ください。

付録

キーボードショートカット一覧　222
スラッシュコマンド一覧　225
用語集　226

◆ キーボードショートカット一覧

付録　キーボードショートカット一覧

Windows	Mac OS	機能
■ ショートカット		
Ctrl + /	⌘ cmd + /	キーボードショートカットの早見表を開く
■ ナビゲーション		
Ctrl + + or Ctrl + -	⌘ cmd + + or ⌘ cmd + -	フォントサイズの拡大または縮小
Ctrl + K Ctrl + T	⌘ cmd + K ⌘ cmd + T	クイックスイッチャー画面を開く ([Ctrl]+[T]と[Cmd]+[T]はデスクトップアプリのみ有効)
Ctrl + Shift + K Ctrl + Shift + T	⌘ cmd + Shift + K ⌘ cmd + Shift + T	ダイレクトメッセージ用のクイックスイッチャー画面を開く ([Ctrl]+[Shift]+[T]と[Cmd]+[Shift]+[T]はデスクトップアプリのみ有効)
Alt ⌥ + ↑		前のチャンネルまたはダイレクトメッセージに移動
Alt ⌥ + ↓		次のチャンネルまたはダイレクトメッセージに移動
Alt ⌥ + Shift + ↑		未読のある前のチャンネルまたはダイレクトメッセージに移動
Alt ⌥ + Shift + ↓		未読のある次のチャンネルまたはダイレクトメッセージに移動
Alt + ←	⌘ cmd + [	閲覧履歴の前のチャンネルに移動
Alt + →	⌘ cmd +]	閲覧履歴の次のチャンネルに移動

Windows	Mac OS	機能
■ ナビゲーション		
Ctrl + ,	⌘ cmd + ,	Preferences(環境設定)画面を開く (デスクトップアプリのみ有効)
Ctrl + .	⌘ cmd + .	右ペーンの開閉の切り替え
Ctrl + Shift + I	⌘ cmd + Shift + I	チャンネルインフォのペーンを開く
Ctrl + Shift + M	⌘ cmd + Shift + M	メンション&リアクションのペーンを開く
Ctrl + Shift + E	⌘ cmd + Shift + E	チームディレクトリを開く
Ctrl + Shift + L	⌘ cmd + Shift + L	チャンネル一覧を開く
Ctrl + Shift + S	⌘ cmd + Shift + S	スター付きアイテムの一覧を開く
Ctrl + F	⌘ cmd + F	現在のチャンネル又は会話を検索
■ チームの切り替え(デスクトップアプリのみ)		
Ctrl + Shift + [	⌘ cmd + Shift + [	前のチームに切り替え
Ctrl + Shift +]	⌘ cmd + Shift +]	次のチームに切り替え
Ctrl + Number (1〜0)	⌘ cmd + Number (1〜0)	特定のチームに切り替え (Slackアプリでチームのアイコンの下に割り当てられた番号を利用)
■ メッセージの既読／未読化		
	Esc	現在のチャンネルまたはダイレクトメッセージの未読を既読にする
	Shift + Esc	すべてのチャンネルまたはダイレクトメッセージの未読を既読にする
	Alt ⌥ を押しながらメッセージをクリック	クリックしたメッセージをいちばん古い未読として設定する

キーボードショートカット一覧

Windows	Mac OS	機能
■ メッセージ欄でのショートカット		
空のメッセージボックスで ↑		現在のチャンネルで最後に発言した メッセージを編集
Home or End	Page up or Page down	メッセージをスクロール （環境設定で切り替え）
Tab		最後に使ったスラッシュコマンドを 再入力
@ character A〜Z + Tab	character A〜Z + Tab	入力した文字で始まるユーザ名を 自動入力
# character A〜Z + Tab		入力した文字で始まるチャンネルを 自動入力
: character A〜Z + Tab		入力した文字で始まる絵文字を 自動入力
メッセージボックスで Shift + ↑		カーソルより前を選択
メッセージボックスで Shift + ↓		カーソルより後ろを選択
Ctrl + Shift + \	⌘cmd + Shift + \	直前のメッセージにリアクションする
メッセージボックスで Shift + Enter		改行
■ ファイルとスニペット		
Ctrl + U	⌘cmd + U	ファイルのアップロード
Ctrl + Shift + Enter	⌘cmd + Enter	新しいスニペットを作成
Ctrl + Shift + V	⌘cmd + Shift + V	クリップボードのコンテンツを新しい スニペットとして貼り付け （[Ctrl]+[Shift]+[V]はFirefoxでは 動きません）

付録　スラッシュコマンド一覧

コマンド	アクション
/apps [search term]	アプリ一覧サイトから入力したキーワードを含む外部連携アプリを検索
/archive	現在のチャンネルをアーカイブ
/away	ステイタスを「不在」に変更
/call	通話を開始
/collapse	現在のチャンネルの画像や動画をすべて折りたたむ
/dnd [Some description of time]	設定した時間までスヌーズにする
/expand	現在のチャンネルの画像や動画のサムネイルをすべて展開する
/feed help [or subscribe, list, remove…]	RSSフィードの登録や削除の方法を呼び出す
/feedback [your feedback]	Slack Technologies社にフィードバックを送信
/invite @user [channel]	メンバーをチャンネルに招待
/invite_people [name@domain.com, ...]	メールアドレスの人物をチームに招待
/leave (or /close, /part)	現在のチャンネルまたはDMから脱退する
/me [your message]	メッセージ全体を斜体にして発言する
/msg (or /dm) @user [your message]	メンバーにDMを送る
/mute [channel]	チャンネルをミュート
/open (or /join) [channel]	チャンネルに参加
/prefs	環境設定ダイアログを開く
/remind [someone or #channel] [what] [when]	slackbotにリマインダーを設定する
/remind help	リマインダーの使い方を呼び出す
/remind list	登録したリマインダーの一覧を呼び出す
/remove (or /kick) @user	メンバーを現在のチャンネルから脱退させる 📇
/rename [new name]	チャンネル名を変更　📇
/search [your text]	Slack内のメッセージとファイルから検索
/shortcuts (or /keys)	キーボードショートカットの一覧を開く
/shrug [your message]	メッセージの末尾に「¯_(ツ)_/¯」の顔文字をつけて投稿
/star	現在のチャンネルまたはDMにスターを付ける
/topic [new topic]	チャンネルのトピックを入力
/who	現在のチャンネルまたはグループに参加しているメンバーの一覧を表示

用語集

● **チーム Team** . . . . (P.17)
Slackでコミュニケーションを交わす利用者がメンバーとして構成する単位。チームには、https://*xxxx*.slack.com/ の形のURLが発行される。

● **チャンネル Channel** . . . . (P.45)
Slackでのほとんどのコミュニケーション（会話）を行う場所。パブリックチャンネルとプライベートチャンネルの2種類がある。

・パブリックチャンネル Public Channel
チーム全体で公開されているチャンネル。誰もが閲覧と発言ができる。

・プライベートチャンネル Private Channel
特定のメンバーだけが閲覧と発言ができるチャンネル。そのほかのメンバーからはその存在もわからない。

● **ダイレクトメッセージ（DM）Direct Message** . . . . (P.66)
1対1での会話のためのメッセージ。この2人以外はその内容を見ることができない。自分も含め最大9人の間で会話することもできる。DMに入っている人以外は、その内容を見ることはできない。

● **通知 Notification** . . . . (P.145)
自分が注目しなければいけないメッセージを、マークなどで知らせてくれる機能。チャンネルごとに通知の有無、通知の基準などを細かく設定できる。

● **メンション Mention** . . . . (P.72)
メッセージの中に、呼びかけたい人のユーザ名を @*username* の形で入れて発言すること。相手には通知がいき、その人が気づいてもらえるようになる。

● **スニペット Snippet** . . . . (P.86)
テキスト文章やプログラムコードを入れるファイル。

● **ポスト Post** . . . . (P.99)
長いまとまった文書を入れるファイル。見出しや文字修飾を付けられる。

索引

A〜T
あ〜り

索引

A
Account Settings 138
Active 43, 176
Admin 178, 194
Apps 19, 107, 192
Away 43, 176

C
Channel 18, 45
Customize Slack 58, 132, 134

D
Direct Message 18, 45, 66
Do Not Disturb 151, 153, 184
Dropbox 116

E
Edit Profile 35

G
Gateways 141, 199
Google Calendar 109
Google Drive 113
Group Direct Message 68

H
Handy Reactions 77
Highlight 73, 93, 183
Highlight Word 145, 148
Home 16, 136

I
Integration 107, 192
Invite Channel 49
Invite People 28

J
Join Channel 54

K
Keyboard Shortcuts 130, 222

L
Launch 137

Leave Channel 55

M
Member 17, 178, 194
Mention 72, 183, 213
Message 27, 34, 56

N
Notifications 145, 156, 207

O
Owner 17, 178, 194

P
Pin 75
Post 99
Preferences 39, 96, 142
Primary Owner 178, 194
Profile & Account 35, 138
Purpose 47, 157, 204

Q
Quick Switcher 97

R
Reaction 77
Reminder 126
RSS Feed 123

S
Share File 91
Share Message 89
Sideber 14
Sideber Theme 39
Sign In 42, 173
Sign Out 44, 141
Sign Up 31
Sign Up Mode 180
Slack API 220
Slack Apps 220
Slackbot 27, 33, 126, 132
Slackbot responds 132, 191
Slash Command 125, 131, 225

228

Snippet 41, 86
Snooze 151
Star 79, 100
Stats 137, 190, 213

T

Team Setting 180
Topic 159, 204
Twitter 120
Two-Factor Authentication 140

あ

RSSフィードを購読する 123
アウェイ 43, 176
アカウント設定 138
アカウント登録 22, 31
アカウントの権限 179, 194, 210
アカウントの復活 195
アカウントを無効化する 141, 194
アクティブ 43, 176
アドミン 178, 194

え

絵文字 57, 77
――のデザインを選ぶ 143

お

オーナー 17, 178, 194
オリジナル絵文字 58, 190

か

改行する 56
外部アプリ連携 107, 192
画像をアップロード 59
環境設定 39, 96, 142
管理者 17, 178, 194

き

キーボードショートカット 130, 222
共有ファイルの一覧 156

く

クイックスイッチャー 97
グループ DM 68

け

ゲートウェイ 141, 199
検索条件 94
検索ボックス 53, 93

こ

コメントを追加 61, 91, 101

さ

サイドバー 14
――のテーマ 39

サインアウト 44, 141
サインアップ 31
サインアップモード 180
サインイン 42, 173
参加者 17

し

氏名 24, 32, 36, 182, 209
――を変更する 36

修飾 82, 104
招待を受ける 31
ショートカットキー 130, 222

す

スター 79, 100
――一覧 80, 100
――付きアイテム 79
――付きチャンネル 81

スニペット 41, 86
スヌーズ 151
Slackbotの自動応答 132, 191
スラッシュコマンド 125, 131, 225

た

ダイレクトメッセージ 18, 45, 66

229

ち

チーム 17
　――アイコン 184
　――設定 180
　――に参加する 31
　――名を変更する 185
　――を切り替える 175
　――を探す 43
　――を作る 22

チームドメイン 25, 42, 185
　――を変更する 185

チームメニュー 16, 35
チャンネル 18, 45
　――一覧 52
　――から脱退させる 55, 211
　――から脱退する 55
　――ごとの通知 149
　――詳細 155
　――設定 160
　――操作 188
　――に参加する 54
　――に招待する 49, 215
　――の目的 47, 157, 204
　――をアーカイブする 165, 205
　――を削除する 171, 205
　――を作る 47, 202, 214

チャンネル名 47, 203
　――を変更する 162, 215

つ

Twitterを購読する 120
通知 145, 156, 207
　――を受け取らない 151, 153, 184

て

DM 18, 45, 66
デスクトップアプリ 19, 207
デスクトップ通知 34, 147, 149, 207

と

統計情報 137, 190, 213
トピック 159, 204

に

2段階認証 140

は

ハイライト 73, 93, 183
ハイライトワード 145, 148
パスワード 24, 33, 42
　――のリセット 140, 196
　――を変更する 140

パブリックチャンネル 18, 46
パブリックリンク 88, 191, 213

ひ

ピン留め 75
　――一覧 76

ふ

ファイル 59
　――メニュー 59, 60
　――をアップロード 59
　――をインポートする 115, 118
　――を共有する 91

複数のチームに参加する 173
プライベートチャンネル 18, 46
　――に移行する 163, 202

プライマリオーナー 178, 194
プロフィール写真 37, 209
プロフィールを設定する 35, 208

へ

ペーン 15

ほ

ホーム画面 16, 136
ポスト 99
ポストを共有する 101

み

未読メッセージ 73, 143, 148

め

メールアドレス 23, 29, 42
　　──を変更する 141

メール通知 148

メッセージ 27, 34, 56
　　──エリア 14, 56
　　──画面 15
　　──のエクスポート 198
　　──のリンク 84
　　──ボックス 14, 56
　　──を共有する 89
　　──を検索する 93
　　──を削除する . . . 64, 168, 189, 212
　　──を修正する 62, 189, 212
　　──を発言する 56

メンション 72, 183, 213
　　──一覧 74
　　──を制限する 186

メンバー 17, 178, 194
　　──一覧 156, 193
　　──を招待する . . . 26, 28, 187, 210, 216

も

モバイルプッシュ通知 147

ゆ

ユーザ名 24, 32, 182, 208
　　──を変更する 140

よ

読み込み時のメッセージ 134, 190

ら

ランチャーアイコン 137

り

リアクション 77
　　──一覧 74, 78
　　──用絵文字 77

リマインダー 126
リンク先を展開しない 85, 197
リンクを送る 83

231

「はじめてみよう Slack」情報ページ
http://www.personal-media.co.jp/book/slack/

本書は2016年6月現在の機能や画面に基づいています。Slackは頻繁に機能やユーザインタフェース
が改良されるため、ご利用の時点で本書の説明や画面とは異なる場合があります。

本書は著作権法上の保護を受けています。本書の一部または全部を著作権法の定めによる範囲を超えて、
複写、複製、転記、転載、再配布(ネットワーク上へのアップロードを含む)することは禁止されています。
本書を代行業者等の第三者に依頼してスキャンやデジタル化することは、たとえ個人や家庭内での利用で
あっても著作権法上認められていません。

本文中では、「©」「TM」「®」の表記を明記していません。

本書に基づくSlackの運用は運用者の責任において利用するものとし、運用によって発生したいかなる
直接的・間接的被害についても、編著者およびパーソナルメディア株式会社はその責任を負いません。

はじめてみよう Slack
使いこなすための31のヒント

2016年8月22日　初版1刷発行

編著者　Slack研究会

発行所　パーソナルメディア株式会社
　　　　〒142-0051
　　　　東京都品川区平塚2-6-13 マツモト・スバルビル
　　　　TEL (03) 5749-4932　FAX (03) 5749-4936
　　　　pub@personal-media.co.jp
　　　　http://www.personal-media.co.jp/

印刷・製本 日経印刷株式会社

©2016 Personal Media Corporation
Printed in Japan
ISBN978-4-89362-326-3 C3055